湾区城镇规划与土地资源再开发

杨景胜　王鲁峰　刘海波　谢文燕　著

中国建筑工业出版社

图书在版编目（CIP）数据

湾区城镇规划与土地资源再开发 / 杨景胜等著 .—
北京：中国建筑工业出版社，2023.1（2023.12 重印）
ISBN 978-7-112-28318-7

Ⅰ . ①湾…　Ⅱ . ①杨…　Ⅲ . ①城镇—城市规划—研究
—中国　Ⅳ . ① TU984.2

中国国家版本馆 CIP 数据核字（2023）第 017343 号

责任编辑：黄　翊
责任校对：李美娜

湾区城镇规划与土地资源再开发
杨景胜　王鲁峰　刘海波　谢文燕　著
*
中国建筑工业出版社出版、发行（北京海淀三里河路 9 号）
各地新华书店、建筑书店经销
北京雅盈中佳图文设计公司制版
北京中科印刷有限公司印刷
*
开本：787 毫米 ×1092 毫米　1/16　印张：$9^1/_4$　字数：177 千字
2023 年 5 月第一版　2023 年 12 月第二次印刷
定价：**58.00** 元
ISBN 978-7-112-28318-7
（40718）

目　录

第 1 章
导　论

1.1　研究背景与问题

1.1.1　研究背景

1. 我国土地制度改革深入推进，建立城乡统一的建设用地市场与集约节约用地成为新时期我国土地管理工作的核心

新中国成立以来，党中央、国务院曾对土地所有制进行了五次重大调整。直至 20 世纪 70 年代末至 80 年代初，才基本确立了土地的社会主义公有制。这一基本制度一直延续至今，其基本特征为城乡分割的二元制度，即城市市区土地属国家所有，农村和城市郊区的土地除法律规定属国家所有以外，属于农村集体所有。尽管自确立之初，我国现行土地制度曾经历过数次修订和完善，但这些修订和完善均集中是在土地使用权或经营权范围内的变更，并未改变土地制度城乡分割这一本质，农村集体土地并未被批准进入市场流通 [1]。随着改革开放的深入实施，2000 年以后，我国进入了快速发展阶段，城镇化进程加速推进，建设用地的需求不断增加，导致土地城镇化明显快于人口城镇化。2000~2015 年，全国城镇建成区面积增长了约 113%，远远高于同期城镇人口的增长幅度（59%）。在现行土地制度的制约下，我国的土地利用方式较为粗放，土地资源低效利用问题严峻。据统计，目前我国人均城镇工矿建设用地面积为 149m^2，人均农村居民点用地面积为 300m^2[2]。我国急需通过对现行土地制度的改革来推动现有土地利用方式的转变，促进土地集约节约高效利用。

2013 年 11 月，党的十八届三中全会通过了《中共中央关于全面深化改革若干重大问题的决定》。针对我国长期受城乡二元结构体制影响所导致的土地资源浪费、土地利用效率低、土地价格扭曲、城乡差异大等一系列问题，该文件明确提出了要“建立城乡统一的建设用地市场”。为发挥市场在土地资源配置中的决定性作用，我国相继出台了一系列政策文件，致力于加快推进土地制度改革，通过市场机制实现土地资源优化配置。例如，2014 年 12 月底，中共中央办公厅、国务院办公厅联合印发了《关于农村土地征收、集体经营性建设用地入市、宅基地制度改革试点工作的意见》；2015 年 8 月底，国务院发布《关于开展农村承包土地的经营权和农民住房财产权抵押贷款试点的指导意见》。这些政策文件为推动实行农村集体经营性建设用地与国有土地同等入市、同价同权提供了重要保证。为促进土地制度改革，2017 年，国土资源部对《中华人民共和国土地管理法》进行了修改，形成了《中华人民共和国土地管理法（修正案）》（以下简称《修正案》）。其中特别增加了第六十三条：“国家建立城乡统一的建设用地市场。符合土地利用总体规划的集体经营性建设用地，集体土地所有权人可以采取出让、租赁、作价出资或者入股等方式由单位或者个人使用，并签订书面合同”。2017 年 8 月底，全国土地利用管理工作会议在苏州市召开。会议明确了新时期我国土地利用管理工作的总体要求，即要“聚焦节约集约用地和城乡统一建设用地市场建设两条业务主线，深化改革，创新土地利用管理机制，促进土地资源的高效配置和合理利用”。

可见，自十八届三中全会以来，我国便紧紧围绕着节约集约用地和建立统一的城乡建设用地市场这两条主线展开了土地制度改革。然而，由于长期受城乡分割二元结构体制影响，我国土地制度改革进展仍较为缓慢，土地资源浪费问题仍较为突出。因此，在城镇规划和发展中开展土地资源集约利用和再开发的相关研究成为我国展开土地制度改革、优化土地资源配置实践的重点内容。

2. 我国各地正在加快推进土地利用方式由增量扩张向存量挖潜转型，土地再开发成为优化城乡土地利用配置、提升土地利用效率的有效手段

在过去的几十年中，我国各地以追求经济增长为主，往往忽视了资源、环境、社会等问题。过去的发展模式以土地供应换取经济增长，忽略了用地扩张、人口膨胀对资源和环境的破坏。近年来，随着土地资源紧缺问题日益严峻，我国各地普遍意识到以往以增量扩张为特征的发展方式不可持续。为此，以旧城镇改造、城中村改造、旧厂改造等为主的城市更新在我国各地轰轰烈烈地开展，农村土地整治、农村居民点整理等工作也成为我国各地土地管理工作中的关注重点。

近年来，伴随着发展方式转型、供给侧结构改革的推进，我国各大城市均在新一轮城市总体规划中将愿景式终极目标思维转变为底线型过程控制思维，并推动土地利用方式由增量规模扩张向存量效益提升转变。例如，上海市在《上海市城市总体规划

(2016—2040 年)》中提出“实现规划建设用地总规模负增长，做到规划建设用地只减不增”，并提出“以存量用地的更新利用来满足城市未来发展的空间需求”；北京市在《北京城市总体规划(2016—2030 年)》中提出，到 2020 年，城乡建设用地规模减至 2860km^2 左右，到 2030 年减至 2760km^2 左右。

3. 积极推进粤港澳大湾区建设与协同发展是促进区域融合互动、提升区域发展的国际竞争力、建设国际一流湾区和世界级城市群的关键

粤港澳大湾区的概念最初由学术界提出，并逐步被纳入地方政策制定、上升到国家战略，该区域具体指由广东省 9 座城市(包括广州、深圳、珠海、佛山、惠州、东莞、中山、江门和肇庆)和香港、澳门两个特别行政区组成的区域，有与旧金山湾区、东京湾区和纽约湾区等国际性大湾区较为类似的优越区位，是促进区域发展的前沿阵地和重点培育的增长极[3]。改革开放以来，特别是香港、澳门回归祖国后，粤港澳合作不断深化实化，粤港澳大湾区经济实力、区域竞争力显著增强，已具备建成国际一流湾区和世界级城市群的基础条件。然而粤港澳大湾区在“一国两制三关”的独特制度背景下，协同发展进程受到边界属性和制度环境变化的显著影响[4]。在全球经济开放新格局背景下，粤港澳大湾区作为“一带一路”倡议的战略支点和珠三角区域经济发展的重要形态，是实现改革开放进程中适合我国国情的制度安排，正日益受到学术界和政府的重视。

粤港澳大湾区的建设历来受到学术界及党和国家的重视。目前已有学者从粤港澳大湾区发展的理论基础与体制机制方面进行了广泛的研究，并结合新时期粤港澳大湾区协同发展的内涵和实施路径进行了探讨[5-6]。在政策方面，早在 2015 年 3 月，国家发展改革委、外交部、商务部经国务院授权发布的《推动共建丝绸之路经济带和 21 世纪海上丝绸之路的愿景与行动》便首次提出要“深化与港澳台合作，打造粤港澳大湾区”。2016 年 3 月，“十三五”规划中明确提出支持珠江三角洲地区与港澳台地区积极合作，建设更大的经济合作平台。2017 年 7 月 1 日，《深化粤港澳合作推进大湾区建设框架协议》在香港签署，进一步为推进内地与港、澳之间的互联互通与融合发展奠定根基。2019 年 2 月 18 日，中共中央、国务院印发《粤港澳大湾区发展规划纲要》，明确指出粤港澳大湾区建设要以香港、澳门、广州、深圳四大中心城市作为区域发展的核心引擎，不仅要建成充满活力的世界级城市群、国际科技创新中心、“一带一路”建设的重要支撑、内地与港澳深度合作示范区，还要打造成宜居宜业宜游的优质生活圈，成为高质量发展的典范。2021 年 3 月，在《中华人民共和国国民经济和社会发展第十四个五年规划和 2035 年远景目标纲要》中，“积极稳妥推进粤港澳大湾区建设”被进一步提高到深入实施区域重大战略的重要地位，进一步明确了“加强粤港澳产学研协同发展，完善广深港、广珠澳科技创新走廊和深港河套、粤澳横琴科技创新极点‘两廊两点’架构体系，推进综合性国家科学中心建设，便利创新要素跨境流动。加快城际铁路建设，统筹港口和机场功能布局，优化航运和航空资源配置。深化通关模式改革，促进人员、货物、车辆便捷高效流动。扩大内地与港澳专业资格互认范围，深入推进重点领域规则衔接、机制对接。便利港澳青年到大湾区内地城市就学就业创业，打造粤港澳青少年交流精品品牌”，进一步为推进大湾区建设指明了发展路径。

粤港澳大湾区的规划与建设是党和国家作出的重大发展决策，体现了惠及区域发展独特且长远的历史眼光、国际视野和国家视角，是新时代推动形成全面开放新格局的尝试，也是推动“一国两制”事业发展的新实践，既服务于新时代区域协同的发展，又呼应了世界经济重心转移的国际大环境。作为中国首个“大湾区城市群”，落实粤港澳大湾区城市群的总体和专项规划、优化城镇体系建设、促进区域资源的开发及高效利用将为促进湾区的发展提供新的动力引擎，未来湾区协同发展也将从产业协同创新、环境协同治理、资源协同配置、服务协同共享和制度协同安排等多维度不断向更高层次优化发展。

1.1.2 研究问题

在我国加快推进新型城镇化建设、城乡一体化与城乡统筹发展的前提下，粤港澳大湾区不同等级规模的城镇协同发展及其经济、人口、土地等的可持续发展问题成为社会各界广泛关注的焦点，其中土地资源的再开发是核心问题之一。目前我国土地利用类型和结构复杂，城市建设用地、乡村建设用地和农业用地等多种用地相互混杂，而既有的规划体系中缺乏对土地空间再利用的探讨。虽然在土地利用规划、城乡规划、新农村规划等规划中也部分涉及建设用地再开发的内容，但由于各类规划编制的部门不同，编制的出发点和侧重点差异较大，导致在建设用地再开发中出现开发混乱、钻空子、多重依据等现象和问题。

综上所述，针对当前存在的土地利用效率低、土地资源浪费严重、土地开发强度不足、土地再开发规划缺失等问题，聚焦粤港澳大湾区协同发展背景下的城镇规划和发展的实际，本书将在土地制度变革的背景下，结合现有土地再开发的方式、方法、路径等，对如何促进土地资源利用效率提升、如何推动用地功能优化展开深入研究，着力解决以下几个问题。

（1）粤港澳大湾区协同发展背景下城镇规划与发展具有怎样的新特点和新趋势，高质量发展背景下该区域的城镇规划及发展有怎样的典范案例？

（2）土地资源再开发规划该如何编制才能更好地指导土地再开发工作的开展，促进土地资源功能优化？

1.2 研究目的与意义

1.2.1 研究目的

当前，我国城乡土地问题十分严峻，供需矛盾日益突出，土地资源的制约成为阻碍社会经济发展的重要因素之一。限于人多地少的条件，土地问题始终是我国现代化进程中的一个全局性、战略性问题。目前，党中央、国务院围绕土地问题展开一系列部署，全国各地也在纷纷展开土地改革试点工作。为此，本研究将在土地制度深化改革的背景下深入剖析土地利用问题。研究目的在于以城镇发展为切入点，通过对土地再开发的类型区划分与潜力预测，明晰研究区域土地再开发的规模与分区利用方式，进而提出土地功能优化的路径，为土地再开发利用与功能优化提供一定的指导。

1.2.2 研究意义

目前，我国土地资源匮乏、用地紧张的局面日益显著。在土地资源浪费的现象之下，土地资源的有效利用仍具有较大的挖掘潜力。因此，开展城镇土地再开发与功能优化研究对缓解建设用地需求旺盛与土地供应不足的尖锐矛盾，协调推进城乡改造，增强农业农村发展活力，建设环境友好型与资源节约型社会具有重大意义。

1.3 研究内容与结构安排

1.3.1 研究内容

本研究将以相关概念界定及土地再开发相关理论为基础，首先通过对现有城镇规划与发展的国内外理论和实证研究进行梳理，归纳高质量发展背景之下的城镇规划与发展的研究趋势，并结合当前粤港澳大湾区城镇规划发展的政策实际和案例分析城乡融合背景之下的湾区城镇规划的实践。其次，在城镇规划与发展的政策及实践的基础上，分析土地再开发功能优化的路径以及土地再开发规划编制的技术指引。本研究选取东莞市作为研究区域，展开了实证研究。本书的核心研究内容主要为以下三个方面（图 1–1）。

（1）粤港澳大湾区城镇发展与规划的内涵。这部分内容主要结合国内外理论应用

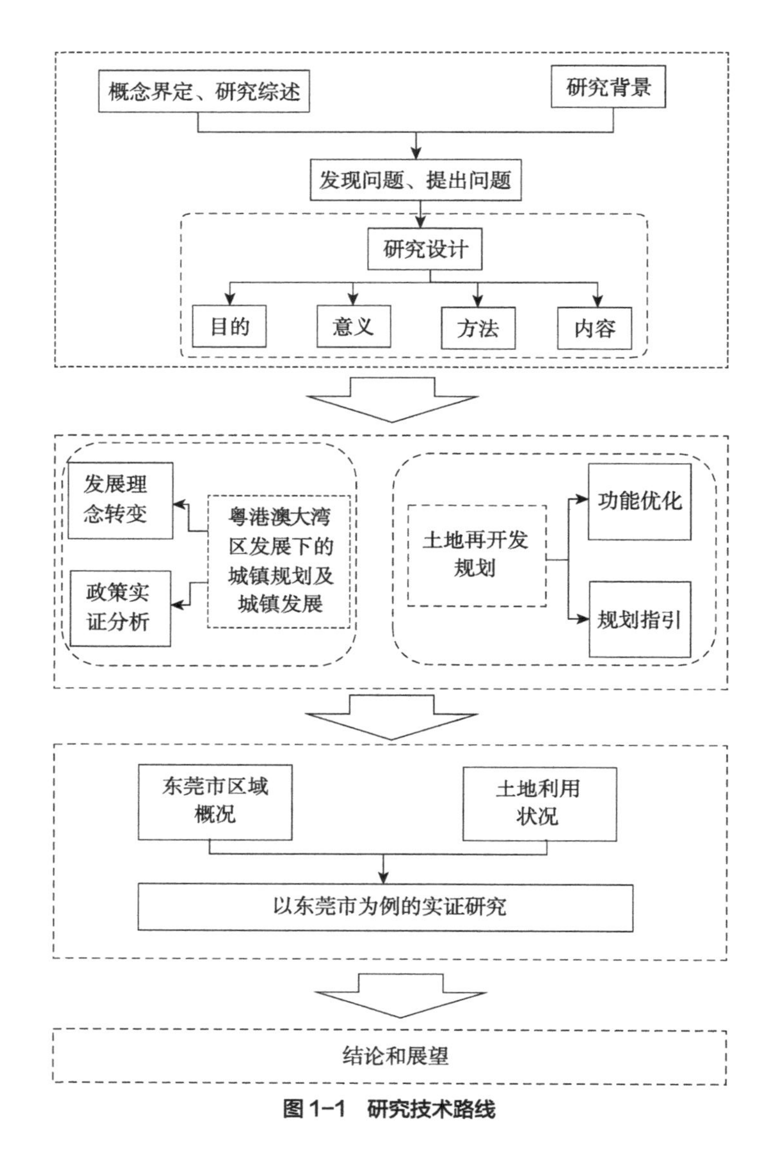

图 1-1　研究技术路线

和实践探索展开，指出当前城镇规划和城镇发展的新动态，并结合“十四五”规划的背景和粤港澳大湾区发展中城镇发展的典型案例，深入理解粤港澳大湾区协同发展背景下的城镇发展的内涵。

（2）土地功能优化路径。这部分内容将提出土地再开发所应设定的目标以及功能优化的方向。在此基础上，通过对现有规划编制的梳理、总结，提出土地再开发规划的编制指引，包括再开发规模的确定、总体布局指引、土地再开发规划用地分类、开发强度确定以及三维空间模拟技术等内容。

（3）以东莞市为研究区域展开实证研究。这部分内容选取东莞市作为案例，在分析东莞市土地、社会经济概况的基础上，运用上述方法对东莞市的土地再开发类型区进行划分，评价东莞市土地再开发的潜力规模。最后，提出东莞市土地再开发的布局、强度等指引。

1.3.2 结构安排

第一部分为前 3 章，为研究综述和研究设计介绍。在研究背景分析、重点概念辨析、相关理论介绍及研究进展梳理的基础上，提出研究问题，阐明研究目的、研究意义、主要研究内容以及所采用的主要方法。

第二部分为第 4 章，是对高质量发展背景下城镇规划理念转变和粤港澳大湾区城镇规划与发展的政策及案例研究。本章不仅是本研究的主要内容之一，也是第 5 章研究及第 6 章实证分析的背景。

第三部分为第 5 章。这一部分提出土地再开发的目标与方向，以及土地功能优化的路径与土地再开发规划编制的指引。

第四部分为第 6 章，这一部分为以东莞市为例的实证研究。

第五部分为结论与讨论。对全书进行总结，提出研究的主要创新点以及今后需要进一步进行的工作。

1.4 研究方法

鉴于本研究内容的跨学科、综合性与复杂性特征，研究综合运用文献调查法与归纳演绎法相结合、定性与定量相结合、静态分析与动态分析相结合等方法进行研究。

（1）文献调查法：全面收集与本研究相关的文献资料，借鉴国内外先进研究思路，通过比较分析，寻求本研究的突破点和创新点。

（2）归纳演绎法：由于本研究主题属于管理学、城乡规划学和地理学的交叉领域，现有研究相对薄弱，本研究在分析中广泛学习其他学科的成熟理论，借鉴其他学科在不同角度的研究成果和观点，并通过归纳分析提出自己的意见。

（3）定量分析与定性分析相结合：本研究涉及土地再开发类型区划分、土地再开发潜力规模预测，定量方法将发挥重要作用。同时，土地再利用是一个复杂的问题，是涉及诸多因素的综合体，定性研究也必不可少。

第 2 章
概念界定与相关理论

2.1 概念界定

2.1.1 城镇发展与规划

城镇发展的概念由城市发展的概念衍生而来，主要内涵是指中小城镇在一定地域内的地位与作用及其吸引力、辐射力的变化增长过程，包括城镇在“量”层面的扩张和“质”层面的提高。具体表现在两个方面：一为城镇化水平的提高，如城镇数量的增加和城镇人口规模的扩大、城镇第二及第三产业的发展；二为城镇现代化水平提高，如城镇功能的多元化和特定职能的不断加强、城镇体系完善和空间布局的不断优化。在高质量发展背景下，我国城镇发展更加强调坚持走特色文化保护之路和绿色可持续发展之路。根据不同的资源禀赋，城镇发展应坚持不同的模式与路径，针对城市发展的自然基底及社会经济条件制定适当的城镇发展规划，促进城镇的可持续发展。

城镇规划是指对一定时期内城镇的经济和社会发展、土地利用、空间布局以及各项建设的综合部署、具体安排和实施管理，是城市建设和管理的基本依据；也指以提高区域经济生产力为依据，对城镇范围内的人口、用地、产业、生态环境、基础设施等一系列的条件进行合理布局的一种方式，主要包括单个城镇规划和多个城镇群落的统筹规划[7]。城镇规划的内容涵盖城镇产业发展规划、城镇空间形态规划、城镇景观风貌规划（如景观生态、公园绿地、历史文化等的规划）、城镇基础设施规划（如交通线网、水电管网系统等的规划）等方面。

2.1.2 土地再开发

土地开发是对土地展开初次开发利用，在此过程中，往往伴随着用地权属、用地性质的变更。土地再开发则是在土地一次开发的基础上进行的，其开发对象为存量建设用地。土地再开发是对现有建设用地的挖潜，在其开发利用过程中，往往涉及对原有的用地类型、结构及空间布局等进行置换、升级[8]。土地再开发的目的是努力挖掘现有土地的内在潜力，提高土地的利用效率以及经济、社会或环境效益[9]。土地再开发有多种形式，包括城市更新与旧城改造、历史街区改造、城中村改造、工业用地再开发等。

2.2 土地再开发相关理论

2.2.1 级差地租理论

地租是由经营土地而获得的、归土地所有者占有的那部分超额利润，而级差地租的存在则是由于土地本身条件不同（土地自然力的不同、土地位置的不同、投资效率的不同）及土地经营权的垄断而产生的。在市场经济体制下，地租可以对土地利用起到多方面的调节作用，包括土地利用量、土地利用性质以及土地利用强度等。而级差地租的存在将会推动土地利用向最优的利用方向发展，促进土地利用效率提高。

土地再开发实际上是对原有土地资源的重新开发利用。通过改变原有利用模式、途径和强度，土地再开发的顺利推进能够促进土地资源优化配置，提高土地利用效率。要改变土地再开发过程中存在的一系列土地利用问题，就要发挥级差地租的指导作用。根据级差地租原理，城市土地的用途分配总是遵循着最高租金的原则，即城市的核心位置总是被愿意支付最高租金者获得。因此，在土地再开发过程中，应调整现有土地的利用方式、开发强度，充分发挥市场机制下不同地区土地的区位效应。中心城区原有的居住区和工厂应逐步向外迁移，将市中心或繁华地带的土地用于布局商业、服务业用地，从而使之聚集形成规模经济效益[10]。遵循级差地租理论展开土地再开发，不仅可以优化调整现有用地结构，还可以极大地提高城市的土地效益，促进土地资源优化配置。

2.2.2 城市政体理论

城市政体理论是关于城市发展动力中三种力量（政府力量、市场力量和社会力量）间的关系，以及这些关系对城市空间的影响的理论。该理论认为，城市空间的变化是政体变迁的物质反映，政体成员、政体主导者都会对城市空间的变化产生影响[11]。从土地再开发的角度来看，土地再开发过程中也会涉及不同政体间的利益协调，土地再开发的结果实质上是不同政体力量在土地利用方面的对比。可以说，政府、市场、社会三个利益主体在土地再开发利用方面的意愿构成了土地再开发的动力或屏障。土地再开发政策的制定必须在这三个利益主体的利益需求方面达成平衡。企业（市场）力量追求利益最大化，倾向于将所有土地资源开发为经营性用地，而忽略公共设施的建设；业主（社会）力量倾向于追求个人生活最优化，不仅需要一定的居住空间、就业空间，还需要休闲娱乐空间以及一定的开敞空间；政府力量则需要在经营性用地与公益性用地之间取得平衡，以实现城市社会、经济、环境的最优化。

从以上对政府、企业和业主的利益关系的分析可见，城市政体理论指导政府在制定土地再开发政策的过程中必须考虑不同政体改造意愿和改造动力的组合效应与协调机制，在合理的平衡水准之上来切实推进土地再开发利用。

2.2.3 制度经济学理论

制度经济学从制度视角来讨论经济问题，其核心在于产权和交易成本。产权如何界定，直接影响到成本和收益。交易成本是指人们在交互行动中所产生的成本，狭义上来看，交易费用则是指在达成合作契约以及保证合作契约执行过程中所产生的费用[12]。在土地再开发过程中，往往需要对原有土地所有者、土地使用者的产权进行明晰，以此来平衡不同主体的利益诉求。目前，我国土地再开发过程中的一个难点就是拆迁难，而拆迁难的一个根源就是产权不明晰，没有一个较为完善的方式来对现有产权进行界定。很多土地再开发项目无法推进的原因便在于政府与被改造方之间没有就产权界定达成共识。在双方争论的过程中，交易成本日渐增高，最后导致拆迁成本过高，项目不得不就此搁置。因此，在土地再开发过程中，应积极借鉴制度经济学中的相关理论，建立明晰的产权制度，加快解决土地再开发中的产权问题，以推动土地再开发项目顺利推进。

2.2.4 可持续发展理论

可持续发展（sustainable development）是20世纪80年代提出的一个新概念，源于生态学，指的是对资源的一种管理战略，随后被广泛应用于经济学和社会学范畴，并引入了新的内涵。目前，在《我们共同的未来》报告中所提出的有关可持续发展的定义得到了社会各界的广泛认同，即可持续发展是既满足当代人的需求又不危害后代人满足其需求的发展。这一概念涉及经济、社会、文化、技术和自然环境等各方面[13]。

土地再开发也应走可持续发展之路。土地再开发不能一味地追求整体推倒重建，在旧城改造过程中，可在保留原有建筑的基础上，对其功能进行调整优化，改善原有环境设施条件来适应现代化生活需求。同时，在可持续发展理论的指导下，土地再开发还应注重保留原有用地的多样性，注重原有街区环境意象与生活内涵的延续，强调再开发地区的历史归属感及地方标识性，保存原有的空间氛围和居民的同质性，使再开发后的街区仍体现原有环境中的一种“场所精神”。因此，可持续发展理论可以帮助解决土地再开发中的和谐问题，指导土地资源利用向可持续的方向发展：要保持再开发地区的多样性，促进再开发地区整体功能随着时代的变化而转变，留存历史归属感与地方标识性。

2.2.5 小结

综上所述，四种理论从不同角度探讨了土地再开发各方面的内容，从理论层面上为土地再开发各类问题的解决指明了方向，为土地再开发的顺利有序推进提供了理论指导。

级差地租理论主要适用于解决土地再开发中的土地利用问题，包括土地的利用量、利用方式以及利用强度三个方面，可以引导土地的最优化使用。城市政体理论对土地再开发的指导作用在于，再开发过程中必须了解不同政体改造意愿和改造动力，通过组合效应和协调机制，合理平衡不同政体间的利益诉求，以此推动土地再开发顺利进行。制度经济学理论则有助于解决土地再开发过程中的产权问题，以及明确政府花费交易成本用于改造各方谈判的必要性。可持续发展理论可用于解决土地再开发中的和谐问题，进而明确土地再开发最终的发展方向——实现土地资源的可持续发展。

第 3 章
研究进展

3.1 国外研究进展

3.1.1 城市土地再开发理论

城市土地再开发本质上是城市发展到一定阶段，对已有建设用地的功能置换和循环利用。贝鲁什（Bellush）、豪斯克内希特（Hausknecht）认为城市土地再开发是一个政治过程，再开发地区的空间结构是政治决策对资源再分配的结果[14]。莫洛奇(Molotch）认为，地方政治经济精英推动城市增长并带来更大规模和更高强度的城市土地再开发，城市成为他们获取超级利润的“增长机器”[15]，政府当局和企业家等地方政治经济精英相互联合而组成了“增长联盟”[16]。但是，莫伦科普夫（Mollenkopf）认为，城市的开发并不只是由企业精英与地方政治人物所促成，任何阶层都有可能影响城市发展，其相互连接形成网络，进而改变城市空间的发展[17]。哈维（Harvey）则提出了资本的三次循环理论，认为资本在第二次循环中进入城市空间资源再分配的环节，在政府和企业有针对性的运作下，资本被以固定资本或消费基金的形式融入城市建成环境的建造中[18]。诺克斯（Knox）与麦卡锡（McCarthy）认为，城市土地再开发的过程涉及以发展商和政治家为代表的多种多样的“参与者”或决策制定者，他们各自拥有不同的目标或动机，当遇到具体的开发问题时，他们相互影响，共同组成城市建设的有机框架[19]。国外城市土地再开发的理论研究已经揭示出各种社会行动者及互动的制度规则对城市空间资源配置具有决定性作用。

3.1.2 城市更新

1949 年美国《住宅法案》(*The Housing Act*）的颁布，标志着城市更新运动在西方全面拉开。目前，众多发达国家和地区在城市更新方面取得了巨大成就，“城市更新”的概念已经远远超出了最初的建筑改造、环境整治、土地开发建设等单纯的物质空间改善的范畴，而成为涉及物质、社会、经济等众多方面的综合性的社会工程。国外对城市更新的研究主要集中在城市更新模式研究、城市更新机制和组织形式研究、城市更新效果研究、城市更新具体操作途径及策略研究等方面。

1. 城市更新模式的研究

目前，国外的城市更新模式主要有企业化城市更新、文化主导的城市更新和可持续发展的城市更新三种模式。

企业化城市更新模式方面，麦克拉伦（Maclaren）指出自20世纪90年代初开始，随着经营城市的理念逐渐在欧美城市得到广泛运用，私人企业得以被允许承担部分城市公共服务职能或负责城市标志景观的建造，以城市发展公司等形式为主体的公私合作机构也可以负责城市更新项目的实施[20]。随着公私合作更新模式的广泛推广，雅各布斯（Jacobs）对公私合作更新的各种策略演化作了详细研究，包括对以激励商业投资为导向的更新政策的评述和分析，私人企业在更新决策中的角色以及对城市营销商业化手段的归纳，从制度演化的角度研究影响投资的决策因素，分析资金的可流动性以及空间的外部性在更新实施中的作用等[21]。迪罗塞（Durose）等指出，随着城市更新的不断深入，企业化经营的城市更新模式也不可避免地出现了一些负面的社会效应。为应对这些负面效应，英、美的企业化城市更新策略也出现相应的转向和调整，在城市更新中逐步融入了更多对实现地方经济持久复兴及更新公平性的思考[22]。

文化主导的更新模式主要包括两种：通过大型的更新改造项目建立城市旗舰式地标建筑来重构城市文化形象，以及从文化产业的角度出发，研究将创意产业融入城市，在旧城或历史街区形成创意产品、创意消费相结合的创意街区两种。文化主导的城市更新模式方面的研究主要体现在安德鲁（Andrew）、蒂姆（Tim）、诺玛（Norma）和戴博拉（Deborah）对英国衰退旧工业区发展会议旅游，塑造新的城市形象的研究[23-24]；波拉德（Pollard）对伯明翰旧珠宝产业集聚区更新的研究[25]；麦卡锡（McCarthy）对比研究各地文化更新策略，对其演化背景、操作模式及实施效果进行了分析[26]；正幸（Masayuki）对创意城市需要更广泛的创意产品生产和消费体系作为支撑等理论的再思考[27]，这是对文化导向策略的适用性的具体研究；格罗拉奇（Grodach）和蓬齐尼（Ponzini）、罗西（Rossi）对单纯依靠大型旗舰文化更新项目重建城市形象和过分依赖创意阶层复兴城市经济进行了反思和批判，认为城市景观的文化复兴无法促进社区自建和社会网络的形成，并未在本质上解决社会的融合[28-29]。而林（Lin）、兴（Hsing）提倡更新应基于本地化的社区参与和有效的制度支持[30]，夏普（Sharp）等提出利用文化特别是公共艺术，在改善城市纹理的同时实现社会的融合[31]。

可持续发展更新模式方面，布罗姆利（Bromley）等和科贾巴什（Kocabas）主要是针对内城衰退等问题，提出通过发展住宅提高城市生活多样性，尤其是利用夜晚的休闲、娱乐产业促进城市中心夜晚的经济活力，使城市中心更新实现社会生活多样化的可持续复兴[32-33]。韦克菲尔德（Wakefield）等认为滨水地区的开发要走向本土化，才具有竞争力和可持续性[34]。

2. 城市更新机制和组织形式的研究

国外有关城市更新机制和组织形式的研究主要探讨的是西方城市更新实践遵循的动力机制、社会群体和组织参与及其互动机制的问题。

萨加林（Sagaly）认为 20 世纪 70 年代后期西方城市更新政策逐渐从以往关注大规模的更新改造转向较小规模的社区改造，由政府主导转向以公、私、社区三方伙伴关系为导向，更新周期长、需要庞大资金支撑的更新项目越来越难以实施。这种政策转变使城市更新项目不仅取得经济上的成功，同时也改变了城市更新机制的根本价值取向，淡化了政府和私人在城市更新中的权利与义务分界[35]。米（Mee）和费尔南多（Fernando）指出早期的城市更新是以政府主导、房地产开发为主，而由于当地居民参与环节和途径的有限性，造成其在更新中利益空间的损失[36-37]。迪罗塞（Durose）、朗兹（Lowndes）侧重于对社会动员、居民自建和社区参与式重建、邻里更新的关注[20]。罗西（Rossi）利用多元城市主义理论，分析城市各利益阶层在自上而下及自下而上更新中的权力分配[38]。除对公众参与多元化的研究外，亨普希尔（Hemphill）、贝里（Berry）、麦格雷尔（McGreal）对代表性参与主体的角色进行了分析，如地方社团领袖的领导力在社会资本、权力关系、协同网络等方面的重要性，以及非政府组织在更新过程中的沟通作用[39]。

在更新参与主体的决策能力和权利关系方面，吉德龙（Gidron）等按民间部门与政府部门间互动关系的强弱，将更新划分为政府主导、二元模式、协作伙伴以及第三部门主导四种模式[40]。拉科（Raco）和亨德森（Henderson）等认为不同层级政府主导的城市更新将产生不同的更新效果，地方政府积极更新的成果会吸引更多来自中央政府的政策和资金倾斜，而强化中央集权的更新将边缘化地方政府的决策权[41-42]；马克（Mark）和乔纳森（Jonathan）研究指出，城市更新中的管治及合作关系仍然受到中央集权的有力干涉，是一种制度等级化高于市场网络化规则的政府管治[43-44]；戴维斯（Davies）认为地方政府和当地企业之间新的合作制度正处于路径形成期[45]；斯潘（Spaans）对荷兰政府参与地方的重建项目所产生的影响进行了评估[46]。自 20 世纪 80 年代以来，在改善政府效能、提高政府生产力的目标下，公私合作伙伴模式逐渐成为各国整合社会资源、执行公共政策的主要政策手段之一[47]。金（Kim）认为，在传统城市中心区，经济的损失和社会活力的丧失对政府当局者和规划师是非常具有挑战性的难题。他通过以韩国东大门商业区再开发为例展开的研究，证实了在旧城复兴的过程中社会组织所起到的重要作用，也展示出社会组织潜在的力量能够被保存且可以被应用于振兴旧商业区[48]。

3. 城市更新效果研究

对城市更新效果的研究主要集中在对地方经济的复兴效果研究、公私合作的城市更新项目中公共职能部分私有化程度和对城市资源剥夺等社会效应的研究[49-50]。例如，里格利（Wrigley）等和洛（Lowe）采用访谈式调研的方法，认为大型购物中心的建设对再造城市形象、提升地方身份识别以及创造就业机会、提高市中心区低收入人群获得生活必需品的机会等方面发挥巨大作用，但也存在更新效果未能波及城市更广泛地区、未产生地区可持续经济增长极等缺陷[51-52]；伊万斯（Evans）研究了文化力量对更新地区社会、经济和环境造成的影响[53]；卡尔文（Calvin）探讨了大型体育文化活动推动的城市更新对地方经济的影响[54]；同时，迈尔斯（Miles）认为基于已有的“地方感”特色和联系未来的“时代感”是文化主导的更新成功的关键[55]；徐（Seo）对文化策略推动的城市更新所吸引的新居民及创意阶层的社会结构特点进行了分析[56]。

4. 城市更新具体操作途径及策略研究

城市更新的具体方法由早期单一的房地产主导型逐步演化出旗舰项目激励型、大型赛事推动型、产业升级改造型以及其他多元化的更新形式。伊卡（Ika）、里克（Rick）和赛维肯（Severcan）、巴尔拉斯（Barlas）针对城市低效利用土地和旧工业建筑的再开发途径，从可持续利用的角度进行分析，建议城市低效用地和旧工业建筑在再开发中可置换为个性化和社会化的城市公共空间、城市绿地以及发展文化创意经济的城市休闲娱乐场所[57-58]；克里斯蒂安（Christian）指出，在新经济的带动下，特色都市新产业集聚区成为内城旧制造业改造升级的重要手段，并以南非约翰内斯堡为例，说明约翰内斯堡利用服装产业对大都市区内城的经济复兴作用[59]；世界性体育和文化活动成为推动城市更新、提升城市形象的重要途径的趋势下，理查兹（Richards）等和利德尔（Liddle）分别以荷兰鹿特丹和希腊为例，分析了鹿特丹 2001 年欧洲文化展览会[60]，以及希腊 2004 年奥运会对推动的城市更新[61]的巨大意义。

此外，还有学者专门针对城市更新中的财政、税收进行了研究。例如麦格雷尔（McGreal）等对比分析了不同税收激励的模式对城市更新项目结果的评估[62]；盖伊（Guy）等研究不同投资者在城市更新中的投资行为，分析影响其投资决策的因素等，并探索相应的吸引投资的更新政策[63]；杨（Yang）等运用制度理论分析当地政府和海外资本联合开发的可操作途径[64]，进一步丰富了城市更新的运作模式研究。

城市更新策略研究主要包括对城市中心的重建、城市更新中以市场为导向的开发策略、城市转型、绅士化、公众参与等方面。例如，施皮林斯（Spierings）研究了对购物路线缺失环节的修复，并且从创业城市理论的角度提出了荷兰城市中心重建的战略，其目的在于批判性地反思地方政府、房地产开发商、建筑师和零售商如何协作组织概念化城市内部边界或完善缺失的环节，以及为了提高城市中心的经济效益，其如何处理彼此之间的矛盾[65]。秀（Sau）等对新加坡城市再开发中市场导向的政策措施进行了研究，主要是关于刺激新加坡的城市土地再开发中私人房屋改造的两种市场导向的政策措施，及其所带来的效益和影响[66]。埃尔比勒（Erbil）描述了土耳其伊斯坦布尔的卡拉港口的转型以及相关的问题，根据港口的条件和环境及将来发展的困境，提出需要一个新的规划方法（包括当地政府和公众的参与），使卡拉港口得到适当的再利用[67]。

申（Hyun）等以韩国首尔为例,分析发现韩国城市在快速的城市化和经济增长时期，城区改造是大规模再开发的主导方法，并由此导致了“绅士化”[68]；克拉本（Krabben）等对荷兰经验进行了反思，提出将公共土地作为土地再开发的战略性工具[69]；王（Wang）等展示了一种基于地理信息系统的辅助决策的工具（LUDs），该工具由一个关于适应性分析的模型与一个关于住宅、商业、工业、政府、机构、社区及开放空间的土地利用信息的数据库组成。经过论证，LUDs可以帮助规划者制定土地利用决策，并且可以辅助评估再开发土地利用适应性的规划过程。此外，它还可以通过使核心利益相关者在对规划者意图有充分理解的基础上促进公众参与[70]。

3.1.3 棕地再开发

棕地再开发是当代西方国家重要的城市可持续发展策略之一，其在理念上紧密贴合了可持续发展思想，在实践上得到了欧美各国政府的支持和推广。“棕地”一词首次出现于20世纪90年代初期美国联邦政府的官方用语中，用来指那些存在一定程度的污染而已经废弃或因污染而没有得到充分利用的土地及地上建筑物。

国外对棕地再开发的研究主要体现在对土壤污染的治理与修复技术的研究、棕地再开发价值评估研究、棕地再开发的利益相关者矛盾冲突研究、社区参与棕地再开发研究、棕地再开发策略及新技术在棕地再开发中的应用研究等方面。

1. 棕地再开发中对土壤污染的治理与修复技术的研究

棕地污染修复技术研究在污染土壤的化学修复、生物修复、植物修复和物理修复等方面已经取得了较大进展。例如，1983年美国科学家钱尼（Chaney）[71-72]首次提出了利用能够富集重金属的植物来清除土壤重金属污染的设想，即植物修复技术。英国设菲尔德大学的贝克（Baker）[73]提出超富集植物具有清洁金属污染土壤和实现金属生物回收的实际可能性。同时，一些学者注意到由于待修复土壤缺乏养分、重金属活性低，以及已发现的超富集植物生物量较小、生长缓慢等原因，单纯使用植物修复技术效率通常很低，因此认为有必要采取一系列化学与工程措施，从土壤环境和植物两个方面来提高植物修复的效率。麦卡锡（McCarthy）通过分析近10年美国联邦政府、州政府及地方政府出台的有关轻污染地区土地再利用的规划政策，从跨学科的角度，结合俄亥俄州托莱多市（该市的环境整治在美国中西部及东北部地区堪称典范）在城市环境保护及污染地区再开发方面的经典案例，探索出一种公众参与和个人开发双轨并行的土地再利用新模式[74]。

2. 棕地再开发价值评估研究

在棕地再开发价值评估方面，德索萨（De Sousa）从环境、社会和经济方面对棕地再开发进行了成本和效益比较，并以加拿大多伦多地区四个开发项目为例，建立定量模型，计算各种费用及所取得的各种效益，帮助决策者评估棕地再开发的可行性[75-76]；麦卡锡（McCarthy）认为棕地再开发需要进行价值评估，并指出再开发的七个评估步骤，以衡量其再开发价值与经济上的可行性[77]；杰克逊（Jackson）和凯特卡（Ketkar）等在棕地的财产价值、再开发成本和效益以及可行性等方面作了比较深入的研究[78-79]。

3. 棕地再开发的利益相关者矛盾研究

对于棕地再开发中利益相关者的矛盾的研究主要包括对棕地再开发过程中所涉及的利益相关者类型及其相互关系和不同利益相关者间的冲突问题等方面。达尔（Dair）等分析并确定了棕地再开发的不同阶段，即规划阶段、开发建设阶段和最终使用阶段三个阶段所涉及的主要利益相关者的类型，不同阶段的主要利益相关者中，有的对棕地再开发起决策作用，有的因涉及其经济利益而直接参与其中，有的则为开发建设提供意见和建议等[80]。

棕地再开发中的这些利益相关者在不同阶段彼此存在各种复杂的关系，主要体现为相互依存或者存在冲突。狄克逊（Dixon）指出，包括贸易商或投资商等开发商和包括合作伙伴、区域开发机构、公司和环境机构等政府代理机构组成某种联盟或团队，将其他行为者引入开发进程，推动了棕地再开发，体现出这些利益相关者之间是相互依存的关系[81]。韦恩斯泰特（Wernstedt）认为不同利益相关者因各自目的不同而使其在开发过程中存在各种利益冲突。例如，责任方急于降低修复费用，市政府设法恢复衰退的土地和增加税收，健康部门侧重于保护人类健康和环境等[82]。从棕地再开发中利益相关者之间的关系可以看出，利益相关者参与开发涉及不同的驱动力因子，同时为解决这些利益冲突，也需要加强对利益相关者之间协调机制的研究。

4. 社区参与棕地再开发研究

社区居民是棕地再开发进程中重要的参与者。社区居民的积极参与会使棕地再开发顺利进行，反之则会使棕地再开发进程变得困难和迟缓。例如，巴奇（Bartsch）指出，社区对棕地再开发活动产生重要影响，同时周边的居民也会从中受益，如增加就业机会、税收、附带的商业机会和改善社区基础设施等[83]；但索利塔雷（Solitare）研究发现，目前很多棕地再开发项目都只是依据技术专家的意见和建议，而社区居民参与非常少，并指出在未来的规划中需要加强社区居民的参与意识[84]；格林伯格（Greenberg）和迈克尔（Michael）等通过案例分析，解释了公众参与棕地再开发的偏好和冲突等问题[85–86]；韦恩斯泰特（Wernstedt）等研究了公众参与棕地再开发的价值问题等[87]。

5. 棕地再开发策略研究

在棕地再开发策略方面，斯图尔特（Stewart）和鲁滨逊（Robinson）等认为通过协同制定重建方案、混合土地利用、提供交通选择、降低贸易壁垒并提供奖励、采用高品质的设计技术等方式，可以有效开发棕地，促进现代城市社区的发展[88–89]。韦恩斯泰特（Wernstedt）等研究认为，土地信托和土地银行可以帮助解决棕地再开发的资金问题，进而实现棕地的再开发[90]。特雷格宁（Tregoning）、舍曼（Sherman）和拿科迪沙（Lafortezza）认为通过政府税收减免、财政支持和金融刺激等手段，可以有效振兴受污染的地区，恢复社区活力[91–93]。

工业用地再开发策略研究主要体现在案例研究中，如克里斯托弗（Christopher）以多伦多废弃工业基地再开发为例，分析了20世纪90年代多伦多废弃工业基地再开发的类型和形成这些类型的主要因素。他认为加拿大多伦多城市内部废弃工业基地再开发的经验对其他正在重建且社会文化和社会经济性质类似的城市产生了明显的影响，被认为是废弃工业基地再开发的典型范例[94]。常（Chang）以我国江苏省贾汪矿区工业废弃地再开发为例，分析了工业废弃地的特征、时空发展规律以及工业废弃地在未来发展中所存在的问题与影响因素，并从土地开发、产业结构调整、空间布局整合、生态环境恢复以及矿区工业遗产的保护五个角度，讨论了矿区工业废弃地再开发利用的策略和方法[95]。阿鲁宁塔（Aruninta）通过调查泰国居民对不同地区发展模式的满意程度，得出社会、经济与生态环境是影响居民对土地再利用模式满意程度的三个主要因子，也是保证城市闲置土地可持续发展的三个主要因素[96]。

6. 新技术在棕地再开发中的应用研究

新技术在棕地再开发中的应用研究方面，韦丁（Wedding）分析了测量站点级别在棕地再利用方面的成功示范[97]。克里斯乔（Chrysochoou）运用GIS和索引方案筛选出用于区域重建规划的棕色地带。在研究中，为达到基金分配和再开发的目的，其制定了最初的规划策略并提出了一种索引方案，以便在一片较广的区域内（包括市、县、州或其他类型的地区）筛选出大量的棕色地带。这个方案包括三个维度，即社会经济、精明增长和环境，每个维度都建立在具体地点的最基本变量上[98]。陈（Chen）确定了棕地再开发的一个具有战略意义的分类体系。他认为现在可运用于棕地再开发的战略决策辅助体系是可以被调查与评估的。此分类对于政府而言，将是他们在制定棕地再开发工程和项目时的有效依据[99]。

新技术在工业用地再开发中的应用主要体现在GIS决策支持系统在工业用地再开发中的应用。GIS决策支持系统是基于土地利用应用模型，被称为智慧城市的、综合的、专业的地理信息系统。例如，迈克尔（Michael）对一个在废弃工业基地再开发中帮助人们更好地理解问题并作出更好选择的决策支持系统进行了研究，它能够提供国家的、区域的、地方的地理信息数据，也含有一些信息化和可视化的工具，属于GIS决策支持系统在废弃工业基地再开发方面的应用[100]。

3.1.4 城镇发展与城镇规划

城镇体系规划是城镇规划的主要内容，国内外关于城镇体系规划的理论与实证已开展了系统性的研究。

1. 城镇发展与规划相关理论

空间结构的相关理论。例如克里斯塔勒的“中心地理论”，它是在西欧国家工业化和城市迅速发展的历史背景下产生的，核心内容是阐述某一范围内城镇的等级、规模、职能关系及其空间结构，认为不同等级的城市之间存在关联，共同构成城镇体系。法国经济学家弗朗索瓦·佩鲁提出增长极理论指出增长极对区域产业和经济发展的带动作用，其促进了城镇及区域的发展。点轴开发模式理论则认为在区域经济增长的同时势必会出现某个增长点或某一增长极，随着各产业部门的紧密联系以及产业重心的动态偏移与发展，各增长极点相互交错、密切联系，形成复杂的产业轴线，同时吸引着分布于两侧的人口与产业经济，继而又形成新的增长极点，这些点轴彼此贯通、相互吸引，形成最终的点轴系统。

霍华德的田园城市理论。其核心思想为：处理好城市和乡村的关系，即广阔的农田、林地环绕美丽的人居环境，并且对城市的发展规模进行一定的限制，使得城镇的居民能够更加方便地接近乡村的自然空间，乡村的新鲜农产品可以就近供应给附近城市的居民，是把城市表现出来的优势、美丽乡村以及福利结合在一起的生态城市模式。

与之类似，卫星城理论是恩维通过对田园城市理论进行优化和改进后提出的，提倡在大城市的外围建立卫星城市，以疏散人口，控制大城市规模。

自中心发展理论。该概念是在20世纪70年代由圣海斯等提出的，是指区域生产力发展过程中主要是在地方社会、经济技术条件下，尽可能地长期开发利用当地资源，应用小规模技术，组织劳动密集型生产，最大限度地减少对区域外部的依赖性，直接满足区内人口的基本需求。该理论本质上是一种自上而下的发展理论，强调的是农村地区的内源发展。

分享空间理论。该理论最初是由Santos于1979年提出的，其认为国家现代化过程就是创新在时间和空间扩散的过程，前者表现为先前的历史时期向后来的历史时期扩散，后者表现为从核心地区向外围地区的扩散。其政策含义有两点：一是欠发达国家的发展要突破双循环约束，二是强调中小城镇在发展中的重要地位。中小城镇对区域发展具有极为重要的纽带作用。

2. 城镇发展与规划的实践

由于社会经济及城镇化发展阶段差异，国外对小城镇的发展及规划研究主要集中于小城镇的优化发展，以及小城镇的可持续发展、环境问题和社会问题，并结合案例进行了研究。具体研究内容包括城镇发展战略的制定、城镇规划的实施与管理等。相关研究积累了丰富的城镇发展及规划设计的经验，为我国小城镇的发展建设提供了一定借鉴。

美国的小城镇是郡以下的基本单元，美国小城镇人口占全国的65%以上，单个小城镇的人口差别较大，从三四百人至四五万人。美国具有相对完善和多元的空间规划体系，且从州到县再到乡镇，规划的目标从宏观的战略性和政策性指导，逐步向中微观内容转变，以更好地指导规划建设，其中城镇规划（或乡镇规划）的内容根据地方发展有所不同，对基础设施、住房、环境保护、社区服务设施（健康、安全）、交通、土地利用等进行重点部署，同时加强乡镇规划的信息共享和互动，强化公众参与。

英国小城镇发展伴随工业化发展，有悠久的历史，小城镇在城镇体系中一直扮演重要角色[101]。在英国空间规划体系改革、地方政府拥有更高规划自主权的背景下，小城镇规划逐渐形成由地方发展规划到社区规划的较为完善的体系，实现功能界定明确、地方风貌保护等目标，为我国小城镇发展建设提供了借鉴。

德国是发达国家中实行小城镇战略的典型代表，全国有70%的人居住在人口规模1万以下的小城镇。德国的小城镇发展由政府主导，采取改造和建设村镇，为农民创造良好的生产和生活条件，把农民稳定在村镇，安心发展农业的战略。德国制定了以《农业法》为基础的措施，并通过健全管理机构、完善村镇建设的投资机制，加大政府的支持力度、注重单体建筑设计和景观的协调、注重环境保护和历史建筑的保护。在政府的大力支持下，形成了城镇比较均衡的城镇结构体系 [102]。

日本的小城镇建设也得到了政府的支持，日本国土厅要求在制定村镇综合建设规划时，最初应把缩小城乡差距作为规划的主题，明确了不同时期的规划方向和实现目标。这种做法还有利于提高规划水平。在城镇规划和发展过程中，还通过对自然和文化资源的利用实现特色小城镇的开发与建设，如日本镰仓的小城镇转型发展主要依靠邻近大都市的便捷区位、依托著名的文化旅游资源和文旅产业制定城镇发展策略进行小城镇发展规划 [103]。

3.2 国内研究进展

3.2.1 城市更新

国内关于城市更新最早的研究主要包括介绍国外的城市更新经验 [104–109]，以及对我国主要城市的城市更新实际和旧城改造的实践工作 [110–113] 进行探讨。最初有关城市更新的学术研究和实践工作仅局限于对城市物质空间的改造，之后其关注对象由较为宏观和宽泛地关注整个城市逐步具体化、细致化，深入到街区、社区和具体的某种城市功能空间。根据研究对象，我国城市更新研究工作可划分为以下几大部分：①对老城、历史文化街区的保护和改造 [110–111，114–121]；②城市滨水区的改造 [122]；③工业建筑改造利用与用地置换 [123–126]；④创意产业园的建设 [127]；⑤城市形象提升整治工程 [128]；⑥老城、中心城区的复兴 [129] 等。

此外，在地理学制度转向和文化转向的影响下，我国的城市更新研究也出现了社会—人文转向，学者们逐渐开始关注城市更新的社会、历史、文化等方面，相关研究从物质空间实体的改造拓展到对非物质层面的探讨。城市更新的主要研究领域包括城市更新中的土地再开发模式研究、“城中村”问题研究、城市更新中的利益平衡与制度建设、有关城市更新的社会与文化方面的探讨等。同时，近年来，在“低碳城市”理念背景下，也有学者开始对城市更新中的低碳目标、设计和策略进行探讨 [130–131]。

1. 土地再开发模式

以房地产开发为主导是我国当前城市更新最为主要的一种模式和特征。张更立指出，20 世纪 90 年代初期以来随着房地产业的迅猛发展，我国几乎所有大中城市的老旧居住区都在经历以房地产开发为主导的更新过程 [132]。黄晓燕、曹小曙通过对城市更新土地再开发的模式及机制的研究指出，以经济增长为主要诉求的房地产开发导向的土地再开发是我国城市更新的主要模式；同时还指出当前我国城市更新过程中还存在多元化主体利益角逐造成利益冲突强烈，以及土地再开发规划调控失灵等现象[133]。严若谷、周素红通过研究指出，深圳市将土地再开发模式分为综合整治、功能转换和拆除重建三类，并构建了多元激励、公众参与及利益共享等机制。深圳市在城市更新中建立了利益共同体的开发模式。该模式以产权为纽带，以外部性成本内部化为基础，通过合理安排使政府、开发商和原住地居民组成利益共享、风险共担的共同体。由此，城市土地再开发不再是单一的政府或市场行为，而是一个兼顾公共利益和私人利益的社区集体行为[134]。

2."城中村"改造研究

"城中村"是我国城镇化过程中由于城乡二元制而出现的特殊现象。因此,"城中村"发展中存在的问题、"城中村"出现的原因、"城中村"的改造等内容[135-140]也受到国内学者的广泛关注。王晓东、刘金声提出，"城中村"改造具有思想观念、经济利益的制约以及政策、体制与管理方面的难点，推动"城中村"改造需要政府、"城中村"居民及开发商三方的努力，其中政府的领导是"城中村"改造成败的关键[135]。

对"城中村"改造模式的研究是"城中村"研究中的热点问题。陈洁指出,"城中村"改造的模式按照改造的方式可分为全面改造型、整合改造型和保留治理型；按照改造项目主体可分为城市政府主导型、村集体自主改造型、开发商主导型和股份合作改造型[141]。陈清鋆将"城中村"的改造模式分为"城中村"组织与开发商联合、"城中村"组织独立开发改造、开发商独立开发改造三类。在这些模式中，政府都作为管理者和监督者的身份参与其中[142]。程家龙将深圳市"城中村"的改造模式归纳为四类，并对其进行了利弊分析[143]。

还有学者对"城中村"改造中的利益主体与利益关系，以及"城中村"改造的价值取向展开了深入研究。张侠、赵德义、朱晓东等利用利益相关者分析的方法，对"城中村"改造中政府、开发商、"城中村"村民三个主要利益相关者的利益进行了分析，指出政府的利益在于城市发展的新动力和新空间，开发商的利益为恰当的利润分成，村民的利益是合理的安置和长期的社会保障[144]。何元斌、林泉从土地发展权的视角对"城中村"的形成机制，以及"城中村"改造中的各参与主体的利益博弈展开了分析，其研究结果表明，集体土地的发展权属收益是"城中村"改造中政府与村集体博弈的关键，土地产权制度创新是"城中村"改造的首要前提[145]。贾生华、郑文娟、田传浩在研究中将外来暂住人群也视为一大利益相关者，从城市规划的角度探索了"城中村"改造核心利益相关者"四位一体"的利益协调机制[146]。在探讨"城中村"改造的价值取向中，陈双、赵万民、胡思润基于人居环境理论视角，提出"城中村"改造不能忽视其所承担的特殊城市社会功能与大量弱势群体的公平发展机会，"城中村"改造应以人居环境可持续发展为目标，适时调整其改造策略及规划技术[147]。汪明峰、林小玲、宁越敏指出，“城中村”为众多外来务工人员提供了廉价的住房，“城中村”改造还应重视为外来人口提供临时住所的功能[148]。

3. 工业用地的再开发

近年来，我国对工业废弃地的再开发和工业遗产的再利用逐渐重视，认识到具有经济产出价值、历史文化价值、生态景观价值和科学教育价值的工业废弃地有较大的再开发潜力，如中山岐江公园旧船厂的改造、广州红砖厂的改造等。常江、冯姗姗对矿业城市的工业废弃地再开发策略进行了研究，认为政府的政策支持是其再开发的基础保障，同时应构筑多方合作平台和设计良好的融资机制，城市也可以借此契机进行土地置换和产业升级，同时应注重区域及城市环境的综合整治、采矿文化的延续及工业遗产保护，以塑造矿业城市的品牌[149]。

我国目前正处在工业化中期阶段，工业用地再利用以工业生态化为主。工业用地产业生态化的改造方式是城市管理工业用地的一项重要策略，并应纳入规划。这除了需要政府提高管理能力，还需要非营利组织、社区的参与者及当地居民的响应[150]。俞剑光、武海滨、傅博以包头市华业特钢搬迁区域为例，从工作方法与流程方面探索了基于生态理念的城市棕地再开发规划的编制[151]。吴左宾、孙雪茹、杨剑以西安高新科技产业开发区一期用地改造规划为例，探索研究土地再开发导向的用地改造规划，为未来的实践和研究提供有益参考，进一步推进土地再开发规划方法的拓展与完善[152]。袁新国、王兴平、滕珊珊则讨论了经济开发区的再开发，从宏观、中观和微观三个层面提出了再开发的策略[153]。

随着可持续发展理念的深入，可持续性评价工具被大量应用于工业废弃地再开发中。艾东、栾胜基、郝晋珉把工业废弃地再开发的可持续性评价方法分为目标驱动型和过程驱动型两大类型：目标驱动型可以分为单项和综合方法，过程驱动型可分为制度性和参与性框架。其中，参与性框架又可以分为自上而下型和自下而上型；过程驱动型包括 SEA 驱动型和 EIA 驱动型，SEA 驱动型往往与相关的土地规划有关，EIA 驱动型主要应用在项目层面上[154]。为更好地对棕地再开发进行评价，朱煜明、刘庆芬、苏海棠等利用结构方程模型从社会经济、财务、环境健康、潜力四个维度出发，构建了棕地再开发评价指标体系[155]。

4. 利益平衡与制度建设

在城市更新过程中，政府、开发商、原住民及其他相关利益者间的关系既是学术界讨论的热点，也是实践工作中的关键。王春兰指出，城市更新中的利益冲突与博弈表现为：政府与商业利益群体间冲突和合作并存，政府与民众间冲突和依赖并存，开发商与居民间冲突和不信任并存[156]。任绍斌则将政府、开发商、产权人间的利益冲突归纳为三种类型，即规则性冲突、分配性冲突和交易性冲突。认为不同的城市更新模式中，其利益冲突的重点不同，政府主导的更新模式的利益冲突主要是分配性冲突，市场主导和混合主体的更新模式的利益冲突主要是交易性冲突，自主更新模式的利益冲突主要为规则性冲突[157]。张微、王桢桢指出，界定公共利益是解决城市更新合法性问题的关键和基础。因此，他们将界定“什么是公共利益”的思路转变为“由谁来界定公共利益”的思路，以“公众受益性”和“受益人的不特定性与多数性”为标准，指出比较适合作为公共利益的界定主体的组织是人民代表大会，同时公共利益还需要以一系列的司法程序作为保障。卢源提出应完善规划提案机制、建立规划听证制度以及建立社区规划师制度等，以保护城市更新中的弱势群体的合理利益[158]。

此外，公众参与和城市更新利益平衡机制的设计也是城市更新研究中的热点。在城市更新中，公众参与具有满足旧城文化延续、功能塑造、利益分配等内在需求，以及舆论监督力量、动迁产生的正负的影响等外在推力。因此，与城市更新项目利益相关的群体应参与到项目的立项、规划编制、审批和执行管理的整个过程之中。龙腾飞、施国庆、董铭提出交互式参与是城市更新中利益相关者参与城市更新的最合适方式。交互式参与要求政府在城市更新过程中为公众参与创造所需的参与渠道（平台），使政府、专家、公众可以在方案设计、实施、运营等城市更新的整个过程中采取协商的互动模式[159]。董慰、王智强对政府与社区主导型城市更新公众参与中的输入制造者、参与者、政策经纪人、决策者等内容展开了比较研究，他们指出，全面提高城市更新中的公众参与层级，需要将这个过程改进成一个良性、有效的博弈互动过程，并需要对参与主体的定位与角色、参与的制度保障、参与的组织形式三个方面改进[160]。

在制度建设上，叶磊、马学广指出，应建立一个立足于社区组织、居民、政府和开发商通力合作的治理模式，并建立包容的、开放的决策体系，多方参与、凝聚共识的决策机制，以及讲求协调与合作的实施机制[161]。吕晓蓓、赵若焱指出，建设城市更新的法律法规体系、设立城市更新的专职机构、以政府计划引导城市更新有序进行、以城市更新单元统筹城市更新空间范围，以及改革城市规划体系以适应城市更新规划管理要求等是城市更新制度建设的有效策略[162]。刘昕指出，深圳构建了以城市更新单元为核心、以城市更新单元规划制定计划为龙头、以更新项目实施计划为协调工具的城市更新计划机制[163]。

5. 社会人文转向

进入21世纪后，受结构主义、人本主义等各种思潮的共同影响，我国的城市更新研究出现了社会—人文转向，呈现多元化、多视角的趋势。对城市更新中的社会、历史、文化等方面的关注也成为学者们的研究重点。何深静、于涛方、方澜对社会网络在城市更新过程中的保存和发展展开了研究。他们指出，传统大规模的城市更新对社会网络造成了破坏，应重视社区自建，运用渐进式、小规模、有机的更新改造模式，并倡导规划师应与居民双向交流、共同合作，以保存原有完善的社会网络[164]。目前，我国城市更新项目急功近利、大拆大建情况普遍，缺乏对文化要素的考虑，对城市的文化体系造成了无法挽回的损失和遗憾，受到了学术界的广泛批评。姜华、张京祥以南京市评事街历史风貌区为例，提出了构筑社会网络和场所精神、有利于文化传承与回归的相关对策。王纪武也指出，城市更新中存在“泛文化”现象，认为其本质是全球化、“中国化”下的文化观念和价值观念的混乱与错位。在城市更新中应深入地研究地域文化的特质，构建和弘扬地域建筑文化和人居环境[165]。

3.2.2 农村土地整治

我国早期开展农村土地整治主要针对的是农用地整理，随着农村经济发展及农村改革进程推进，农村土地整治转向了以宅基地或农村居民点整理为主的建设用地整治。目前，我国农村建设用地整治的主要对象是“空心村”、工矿废弃地等农村闲置低效建设用地。刘彦随指出，农村空心化造成土地废弃闲置和低效、无序利用问题日益突出，成为我国城乡经济社会一体化发展新格局的主要障碍，亟待以城乡用地增减挂钩试点为契机，统筹规划、创新机制，稳步推进城乡同地同价与城乡土地优化配置的改革探索[166]。城乡用地增减挂钩允许通过土地整治节约出的建设用地指标按规划调整到城镇供其使用，于是农村建设用地整治成为我国各地优化城乡土地利用结构、提高土地综合利用效率的重要手段。然而，我国的农村土地整治工作尚存在许多问题。姜勇指出，农村建设用地整治应防止“重数量、轻质量，重建新、轻拆旧，重城镇、轻农村”的倾向[167]。陈秧分、刘彦随认为，目前我国大规模推进农村土地整治的条件并不成熟，强制农民集中居住会影响农业生产、增加农民的生活成本[168]。

此外，我国学者还对农村居民点整理展开了大量研究，其中农村居民点的潜力内涵、潜力测算方法、潜力分区等是其关注的焦点。张正峰、赵伟提出，农村居民点整理潜力可以分为自然潜力和现实潜力，其中自然潜力主要由可增加的农用土地面积、居民点集中状况、公共设施状况和生态环境状况等指标来反映，现实潜力主要由对外交通便利程度、整理实施可能程度、整理迫切程度等指标反映[169]。目前，我国农村居民点整理潜力的测算主要有人均建设用地标准法、户均建设用地标准法和农村居民点内部土地闲置率法三种方法[170]。曲衍波、张凤荣、宋伟等认为，人均建设用地标准法存在计算简单、测算结果偏离实际等问题，农村居民点整理应统筹考虑自然适宜性、生态安全性、经济可行性、社会可接受性和规划导向性5个方面的因素。为此，他们建立了潜力逐级修正的测算模型，并利用农用地分等方法、生态用地一票否决制、经济社会指标评价以及概念赋值等方法设定测算模型的相关修正系数。在此基础上，他们以北京市平谷区为例进行了测算[171]。朱晓华、陈秧分、刘彦随等构建了“空心村”用地潜力调查与评价的成套技术方法，以山东省禹城市为例展开了实践，他们所构建的这套方法为我国开展“空心村”土地综合整治潜力的调查与评价提供了技术方法支持[172]。

同时，我国学者还从不同的空间尺度出发，对农村居民点整理的潜力分级进行了测算。在全国层面，谷晓坤、代兵、陈百明通过研究提出，我国农村居民点用地在整理潜力、用地比例、平均规模3个方面存在区域差异。他们构建了农村居民点整理潜力分区评价指标体系，采用聚类分析与GIS方法把全国分为5个整理区域，并提出有针对性的区域整理策略。他们采取的指标包括用地特征和基础特征两大类，其中用地特征包括整理潜力、用地比例、平均规模，基础特征包括地形地貌、耕地比例、农业产值、农村人口等自然、经济和社会方面的10个指标[173]。在省域层面，曹秀玲、张清军、尚国琲等以县级行政区为基本单元，采用多指标综合评价法对河北省域农村居民点整理潜力进行了评价分级，并对不同分级区域提出了不同的整理策略。其评价指标包括自然条件、经济因素和社会因素三个方面的县人均国内生产总值、县域整理潜力指数、单位耕地拥有的劳动力等8个指标。他们提出，农村居民点整理潜力评价分级能较好地反映省域内不同地区农村居民点整理的特征和差异，对有针对性地提出农村居民点整理策略具有一定的实用价值和指导意义[174]。在市域层面，关小克、张凤荣、赵婷婷等对北京市的农村居民点整理进行了分区，综合自然、社会、经济和土地利用规划等因素，划分出城乡交错区、远郊平原区和生态山区3个农村居民点整理分区，并根据区位条件，确定了它们的功能定位，提出分区、分模式的整理方案[175]。

3.2.3 城镇发展与城镇规划

1. 城镇发展与规划相关理论

城镇规划涉及地理学、规划学等多个学科，国内相关的理论研究已取得丰硕成果。地理学领域，20世纪80年代陆大道提出“点—轴系统”理论和中国国土开发的“T”字型空间结构战略，即以海岸带和长江作为中国国土开发和经济布局的一级轴线的战略，从空间结构优化的角度为全国范围内的城镇体系发展提供了理论支撑。此外，双核结构理论揭示出某个区域中两个不同功能的城市之间的空间耦合关系，是指在某个区域中由区域中心城市和港口门户城市及其连线构成轴线，由此引领和推动所在区域发展的一种空间结构现象，是区域发展中比较常见且效率较高的空间结构形式。

我国关于小城镇发展的理论研究最初可追溯到1945年梁思成在重庆《大公报》上撰写的《市镇的体系秩序》一文，文中认为“我们国家正将由农业国家开始踏上工业化大道……在今后数十年间，许多的市镇农村恐怕要经历前所未有的突然发育，这种发育，若能预先计划，善于辅导，使市镇发展为有秩序的组织体，则市镇健全，居民安乐，否则一旦错误，百年难改，居民将受其害无穷”。1964年，严重敏、刘君德也曾对苏州、无锡地区的小城镇发展和农业的关系进行深入研究。20世纪80年代以来，以费孝通为代表的社会学者把小城镇研究提高到一个新的高度，如1983年《小城镇、大问题》一文的发表形成了我国小城镇研究的数次高潮。当前我国对小城镇的发展研究主要集中于小城镇发展意义、模式、规划、存在问题和解决路径以及理论归纳等方面。国内对小城镇的早期研究则集中于概念界定和特点、类型的划分，学术界陆续总结出“苏南模式”“温州模式”“珠三角模式”“阜阳模式”等[176]。

费孝通的“产城合一”小城镇发展路径将小城镇发展路径归纳为三方面：一是小城镇与乡镇企业相互依托和支持；二是通过小城镇使乡土文明与城市文明在这里相互交融汇合，引导农民在生活方式、文化技能、思想观念等方面逐渐转变成市民；三是小城镇可以有效促进城乡一体化发展，循序渐进地引导农民的生产观念和经营方式的改变。这些观点对小城镇特别是特色小镇的发展路径的制定具有进一步的借鉴意义。

新型城镇化建设理论指坚持以人为本的基本理念，以新型工业化创新作为发展动力，以全面统筹兼顾为基本原则，推动城市建设的现代化、集群化、生态化，以及乡村区域的城镇化，以此全面推进国家的城镇化建设，提高村镇的建设质量和水平，促进大城市、小城镇的区域协调发展、相互促进的局面。在此背景下要求建设较高品质的适宜人居的城镇环境，不断提升城镇的基础设施水平建设，因地制宜、突出特色，推动创新机制的发展。

2. 城镇发展与规划的实践

城镇体系的规划与建设取得显著成果。改革开放以来，城镇化与城镇体系的理论和实践研究取得了丰硕成果。依托城镇体系的等级规模体系、职能体系和空间格局体系，确立了“两横三纵”为主体的城镇化战略格局，即以陆桥通道、沿长江通道为两条横轴，以沿海、京哈京广、包昆通道为3条纵轴，以轴线上城市群和节点城市为依托、其他城镇化地区为重要组成部分，大中小城市和小城镇协调发展的空间格局，极大地丰富了我国城镇体系的优化发展的认知，提出要“以城市群、都市圈为依托促进大中小城市和小城镇协调联动、特色化发展”，使更多人民群众享有更高品质的城市生活，推进新型城镇化向高质量、高效率、高水平方向发展，推进新型城镇化与乡村振兴的同步化融合发展[177]。

国内的小城镇研究始于20世纪80年代，到目前为止已积累了诸多的学术成果，并引起了广泛的社会关注。尤其是随着新型城镇化和城乡一体化的提出，小城镇作为连接城市和乡村的纽带，其规划建设也愈发重要。新时代发展背景下，科学评估小城镇发展质量及区域特征对城乡融合研究、区域城镇空间布局和分区、分类推进乡村振兴战略具有重要的理论和实践意义。同时，小城镇规划与发展可以促进城乡融合发展，带动城市与乡镇的改造，可以更好地解决“三农”问题，实现城乡统筹。

当前关于小城镇的实证研究内容主要集中于社会经济发展、社会问题研究和人居环境改善及演化机制。冯健综述了2000年前的小城镇研究成果，并指出这一时期的研究主要集中于小城镇的经济发展、规划建设和乡镇企业发展[178]。徐少君等指出，1990年以来小城镇研究更加关注产业集聚、空间结构以及小城镇发展的路径依赖[179]。张立基于相关统计年鉴数据，对湖北省小城镇的发展类型、制约因素及动力机制进行研究，并提出健康城镇化诉求下人口高输出小城镇发展的策略[180]。唐永等分析了快速城镇化背景下中国小城镇的时空演变及影响因素，指出2004~2017年小城镇数量总体呈现增加趋势，并强调小城镇作为我国城镇体系的塔基，也是推进我国新型城镇化的乡村振兴的重要支点[181]。

小城镇的实证研究为新型城镇化发展背景下的小城镇建设与发展奠定了研究基础。在城镇规划的实践中，关于小城镇规划的规律和发展模式、编制与实施体系评价的研究成果基本明确了小城镇规划编制从小城镇总体规划到具体实施和评价的程序安排。在规划与建设实践中，针对小城镇规划与发展问题探索改进，如相关研究强调分区研究方法的应用，新时期国土空间规划体系建立在分区分类的编制思想和原则基础上，对城市不同地区的各类要素进行识别可以快速了解城市特征，并因地制宜地制定城市发展战略，采取更有针对性的城镇规划具体措施[182]。针对规划编制评价主体及体系多样的实际，强调通过多部门协调，实现“多规合一”，并注重公众的积极参与以提高小城镇的建设与服务水平。针对小城镇发展的同质化问题，强调应当树立特色理念，在集成优良文化传统的基础上因地制宜打造特色小城镇，提升小城镇品位和文化底蕴[183]。对于小城镇承上启下、连接城乡的地位，相关研究对大城市周边小城镇的优化与发展问题进行探讨。刘雅玲等从公共服务设施优化与对策的角度分析了南宁市周边中小城镇发展的影响因素，并从满足居民需求、分级分区设置和设施刚需结合等方面开展小城镇发展的对策优化，以促进城乡发展机会的均等化[184]。

第4章
粤港澳大湾区协同发展背景下的城镇规划及城镇发展

4.1 高质量发展背景下的城镇规划理念转变

4.1.1 特色小城镇的规划与发展

随着国家经济水平的增长，中小城镇的发展建设不断推进，城镇居民的居住环境有了很大改善，如改善了城镇居民的住房环境、生活设施。中小城镇的发展建设是十分重要的，它将农村和城镇发展结合起来。未来的城镇规划与建设将致力于解决不平衡、不充分发展的矛盾，促进城镇发展的高品质建设与发展。“十四五”规划指出，要加强县城的基础设施建设，提升综合承载能力和治理能力；稳步有序推动符合条件的县和镇区常住人口20万以上的特大镇设市；按照区位条件、资源禀赋和发展基础，因地制宜发展小城镇，促进特色小镇规范健康发展。在此背景下，促进特色小城镇的规划与建设将日益受到重视。

特色小城镇指的是，在几平方公里面积的土地上，建立特色产业、生产、生活以及生态融合的不同于行政建制镇与产业园区的创业平台。特色小镇具有特色化产业、功能聚合、规模小、机制创新的特点。依托产业研究与集群打造、生态环境开发建设、文化资源保护与挖掘、特色城镇风貌打造等内容，促进小城镇的开发与建设（图4–1）。

4.1.2 城乡融合发展背景下的小城镇发展

城乡统筹发展对小城镇发展具有重要的推动作用。由于乡村经济水平相对较低，乡村发展往往为小城镇发展建设带来较大阻力，而城乡统筹将城市和乡镇结合起来，

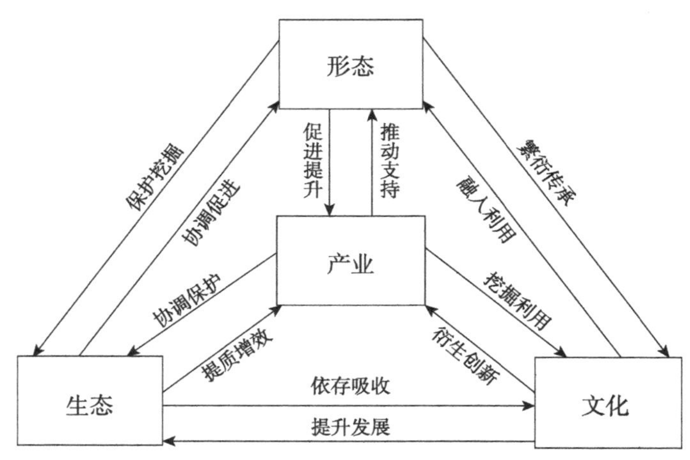

图 4-1　特色小城镇发展的发展路径

（来源：尚应建. 特色小镇"四态合一"规划发展路径研究——以东营市垦利区民丰湖小镇为例 [D]. 青岛：青岛理工大学，2020.）

通过城市对乡镇的帮助与支援达到双方共同发展、人民共同富裕的最终目的，对中小城镇的规划建设发展意义重大。小城镇的发展将立足于农村发展实际，促进农村地区的建设和工业化。在城乡融合发展的背景下，通过乡村特色景观的保护与小城镇开发相结合，充分发挥乡村生态农业和旅游业、环境优美的优势，促进特色小城镇的打造。

实行小城镇的分区规划与建设。在实际建设规划中，由于不同城镇区域的发展水平也是有差异性的，在规划的过程中需要按照城镇所处的区域，利用不同区域的特点加以规划，这样才能够做到发展规划的合理性和不同区域内资源的合理运用，切不可在规划建设的道路上"一刀切"。首先，不同的城市拥有不同的文化底蕴以及不同的文化特色，要针对城镇的特色（如历史文化特色或生态环境特色）进行规划和发展。其次，城镇与区域中心城市的距离和相对位置在空间上有所差异，应结合城镇的特定位置发展相应的产业，促进城镇与城乡发展的衔接。此外，应注重对原有城镇开发建设的再开发，结合城市更新及城市微更新的方法进行城市的改良再造，从而实现小城镇的可持续发展。

4.1.3　小城镇的绿色低碳和可持续发展

在绿色低碳发展的背景下，实现小城镇的绿色高效发展是重要的目标之一。适应城市规划实际，合理优化小城镇布局实现自然环境与城市的和谐，从而促进城市与自然生态的协调发展。小城镇总体规划要求构建小城镇空间发展形式，确定方向、轴线以及保护和进一步发展的原则，形成整体空间完整性的景观形式，建立可再生利用的再循环结构，减少对自然环境的破坏，建设环境更清洁的城市，为小城镇发展提供了基本框架。

城镇化发展新背景下的小城镇可持续开发。在城镇化率不断提高的背景下，新型城镇化出现新特点，如伴随人口资源向大城市的集聚，部分中小城市出现城市收缩现象，例如，珠三角核心区以局部城镇收缩为主，收缩相对集中的城镇分布在外圈层。作为衔接城乡的过渡性载体，小城镇对城乡关系的变动极为敏感，其兴衰是区域要素流动及城镇化格局变迁的集中表现[185]。因此，实现小城镇的可持续发展具有重要意义，通过聚焦小城镇发展问题，及时采取相应的处理策略，如优化产业发展和完善基础设施建设等，能够优化城镇体系空间布局，协调推进新型城镇与乡村振兴战略的对接，促进中小城镇的社会经济协调与可持续发展。

4.1.4 “多规合一”导向下的小城镇规划与发展

由于规划分管部门的职能侧重点差异、规划目标和编制技术标准多样化等现状，各类空间规划存在规划边界“打架”、规划内容交叉重叠等问题，“多规合一”的呼声日益提高并受到规划部门的高度关注。“多规合一”旨在形成各类规划空间管理的合力，无论是城乡规划、土地利用规划，还是经济社会发展规划和其他各类专项规划，都应当在空间层面得以统筹和协调。

2019 年，我国提出要建立国土空间规划体系，旨在从根本上对传统的规划体系进行调合，“多规合一”内涵被进一步提升到新高度[186]。相比于大城市，我国的小城镇发展在人、财、物方面存在一定欠缺，在一定程度上导致小城镇的规划管理存在滞后。随着“多规合一”成为未来规划政策改革的重要趋向，为保障“多规合一”的顺利推进，城乡规划编制方法和编制技术都面临改革和创新，各类规划编制都应积极响应“多规合一”要求。随着大数据、云计算等技术的成熟以及地理信息系统在规划中的广泛应用，小城镇规划与建设中更加强调多元协同、统筹创新的理念。

4.2 粤港澳大湾区发展背景下城镇规划与发展实践

4.2.1 粤港澳大湾区城镇发展与规划的优化发展

2019 年 2 月，中共中央、国务院正式印发《粤港澳大湾区发展规划纲要》，对区域城镇体系的发展作出了重要指示。在城镇体系的空间布局上，“坚持极点带动、轴带支撑、辐射周边，推动大中小城市合理分工、功能互补，进一步提高区域发展协调性，促进城乡融合发展，构建结构科学、集约高效的大湾区发展格局”。通过发挥香港—

深圳、广州—佛山、澳门—珠海等地区的引领带动作用，深化港深、澳珠合作，加快广佛同城化建设，提升整体实力和全球影响力，引领粤港澳大湾区深度参与国际合作；依托以高速铁路、城际铁路和高等级公路为主体的快速交通网络与港口群和机场群，构建区域经济发展轴带，形成主要城市间高效连接的网络化空间格局。进而更好地发挥港珠澳大桥作用，加快建设深（圳）中（山）通道、深（圳）茂（名）铁路等重要交通设施，提高珠江西岸地区发展水平，促进东、西两岸协同发展。

《粤港澳大湾区发展规划纲要》明确指出要进一步完善城市群和城镇发展体系的建设。首先，要“优化提升中心城市”，以香港、澳门、广州、深圳四大中心城市作为区域发展的核心引擎，继续发挥比较优势，做优做强，增强其对周边区域发展的辐射带动作用。其次，强调“建设重要节点城市”，支持珠海、佛山、惠州、东莞、中山、江门、肇庆等城市充分发挥自身优势，深化改革创新，增强城市综合实力，形成特色鲜明、功能互补、具有竞争力的重要节点城市。增强发展的协调性，强化其与中心城市的互动合作，带动周边特色城镇发展，共同提升城市群发展质量。再次，要注重“发展特色城镇”，充分发挥珠三角九市特色城镇数量多、体量大的优势，培育一批具有特色优势的魅力城镇，完善市政基础设施和公共服务设施，发展特色产业，传承传统文化，形成优化区域发展格局的重要支撑。建设智慧小镇，开展智能技术应用试验，推动体制机制创新，探索未来城市发展模式。加快推进特大镇行政管理体制改革，在降低行政成本和提升行政效率的基础上不断拓展特大镇功能。此外，要“促进城乡融合发展”，建立健全城乡融合发展体制机制和政策体系，推动珠三角九市城乡一体化发展，全面提高城镇化发展质量和水平，建设具有岭南特色的宜居城乡。加强分类指导，合理划定功能分区，优化空间布局，促进城乡集约发展。提高城乡基础设施一体化水平，因地制宜推进城市更新，改造“城中村”，合并小型村，加强配套设施建设，改善城乡人居环境。

由此可见，与城镇发展和规划的发展趋势相一致，在粤港澳大湾区协同发展过程中强调城镇体系的优化和小城镇的健康发展，强调依托城镇体系规划、发挥中心城市和重要节点城市的带动作用，促进中小城镇的发展，以达到区域协同发展的目的。相关研究就湾区城镇发展特征和阶段展开分析，并指出区域发展应当重视以区域规划为蓝图，加强区域建设合作，以协同创新为引领，推动粤港澳协同发展新格局。也有研究从湾区协同发展中城乡协调发展的风险防范机制角度开展了研究，认为应当从构建以人为本城镇化机制、绿色低碳共建共享机制、投资债务风险预警机制、土地流转科学决策机制、乡村振兴布局因地制宜机制等方面促进城镇（乡）的协同发展。

4.2.2 粤港澳大湾区小城镇规划与发展的优化案例实践

在粤港澳大湾区协同发展的背景下，东莞市的城镇发展依托城市更新与乡村振兴的协调，是区域城镇规划与发展的典范。当前城乡融合、城市更新和乡村振兴的发展进程都处于同一个社会经济转型发展的背景之下，处于同步演化中，由城镇地域与乡村地域之间的竞合关系构成若干正向反馈与负向反馈循环，主导城乡融合的发展方向与进度，城市更新和乡村振兴则在城乡融合与城镇发展中起着关键作用。

1. 城市更新与特色小城镇发展

通过城市更新和城市微更新等措施激发城镇发展活力，为特色小城镇发展和城乡融合发展提供条件。东莞市的城市更新源于“三旧”改造，一直以来，旧村庄改造都是东莞市城市更新的重要组成部分。自2010年以来，东莞市约121个村（社区）通过自行改造或合作改造方式参与城市更新（包括“三旧”改造），盘活集体旧村居及旧厂房用地约1.29万亩。2017年，东莞市完成“三旧”改造面积约6643.5亩，其中旧城镇仅316.6亩，而旧村庄的改造面积达1469.6亩，是旧城镇的4.6倍。在《东莞镇街城市更新专项规划编制指引（修订稿）》中，明确提出“现状空心化较严重的旧村、市中心、镇中心的城中村以及其他因城市发展需要改造的旧村庄应纳入更新改造区域”，并明确了旧村改造“以转变生活环境和完善配套为目标”。根据原东莞市城乡规划局的测算，在约312km^{2}的现状居住用地中，适合拆除重建的旧村规模约60km^2，适合通过“美丽乡村”等方式微改造的村落约40km^2（截至2018年4月）。截至2018年8月底，东莞市纳入“三旧”改造标图建库的用地2727宗，面积25.1万亩，其中旧村庄354宗，面积27437.5亩，占入库面积的11%。

2. 乡村振兴与特色小城镇建设

城乡融合发展背景下，乡村振兴也为城镇发展贡献了巨大动力。根据东莞市出台的乡村振兴相关政策文件，相关举措也被纳入东莞市乡村振兴战略的多项重点工作中。例如，在推进村组土地资源统筹利用方面，东莞市提出了“完善城市更新政策指引”“推行政府主导或单一主体招标改造模式”“鼓励采用股权合作、收益权等形式，创新股权混合形成单一主体项目公司参与更新改造”等具体举措；在农村土地制度改革方面，东莞市将建立健全“三旧”改造项目利益共享机制作为农村土地制度改革的一项具体工作；在乡村发展用地保障方面，东莞市也鼓励通过“三旧”改造等方式，解决新型农业经营主体农产品加工、仓储物流、乡村旅游等辅助设施建设用地需求。

此外，东莞市还将特色小镇和特色小城镇的培育发展纳入生态宜居“美丽乡村”建设工作中。为推动特色小镇和特色小城镇建设，东莞市开展了魅力小城示范道路和示范片区建设，编制完成了《东莞市魅力小城街道设计技术指引》，并于2018年7月经市政府同意正式印发。同时，为推动魅力小城示范片区建设，东莞市组织编制了《东莞市魅力小城建设政策研究和实施意见》，并在此基础上研究制定了《东莞市魅力小城示范片区建设实施方案》和《东莞市魅力小城示范片区建设评审办法》。

3. 东莞市促进城镇发展的政策与规划

自2001年以来，东莞市已统一采用城市规划管理体系，根据已批复实施的《东莞市城市总体规划（2000—2015）》，东莞全市域纳入城市规划区范畴。同时，依据“总体规划 + 控制性详细规划”，东莞市对所有的行政村和社区进行规划管理，但村庄建设规划编制基础较为薄弱。东莞市共下辖597个村（社区），其中有集体经济的村（社区）556个。2018年，东莞市选定了60个试点村开展村庄建设规划编制工作，目前全市仍剩余约500个村（社区）没有编制村庄规划。

近年来，东莞市进一步推动了城乡融合发展。2018年，东莞市提出了推动“美丽东莞”建设，出台了《关于推动美丽东莞建设 满足人民日益增长的优美环境需要的若干意见》（东府〔2018〕1号），提出“美丽东莞”建设的内在要求是全方位提升城市品质内涵、实施乡村振兴战略、促进区域协调发展。在这一文件中，东莞市将魅力小城和文明美丽村居建设纳入城市品质内涵提升工作中，并提出要“巩固全国文明城市创建成果，推动文明创建向乡村延伸”。

2019年，东莞市“1号文件”《东莞市人民政府关于拓展优化城市发展空间 加快推动高质量发展的若干意见》（东府〔2019〕1号）正式出台。该文件以优化和拓展产业发展空间、公共生活空间、山水生态空间三类空间为目标，全力打造“湾区都市、品质东莞”，推动东莞市高质量发展。为推动城乡公共服务一体和区域协调发展，在《东莞市人民政府关于拓展优化城市发展空间 加快推动高质量发展的若干意见》（东府〔2019〕1号）中，提出了实施构筑15min社区优质生活圈行动，鼓励各镇街（园区）打造高品质、高性价比的职住空间，以及通过经营性用地、城市更新项目公共服务设施配建及新型产业用地（M0）贡献物业，在“拓空间”重点区域加快筹集一批产业用房、人才安居房等公共服务设施。为完善区域性的公共设施布局，东莞市还提出允许相近片区的城市更新项目通过用地拼合设施连片共建、用地分工设施互补共享、权益置换设施集中投建等方式，配置教育、文化、体育、医卫等配套设施，并“探索建立城市更新项目公共设施用地台账，允许镇街（园区）对辖区内城市更新项目贡献的公共设施用地进行置换、整合”。在区域协调方面，东莞市提出“探索建立土地开发收益区域平衡机制”，对承担生态保育、水源保护、高标准基本农田保有和公共建筑配套任务较重的村（社区）采取多种方式给予补偿与支持：一方面，鼓励其整合市、镇街（园区）政策扶持资金和村组集体经济组织闲置资金，在市镇中心区、产业重点发展区集中投建或购置产业用房和经营性物业；另一方面，允许镇街（园区）通过货币置换、物业置换或分享租金收益等方式，将位于高密度开发区内村（社区）的新建或改造物业按一定比例计提相应面积物业，用于增加低密度开发区内村（社区）的资产和收入。

4. 东莞市小城镇发展的典型案例

（1）东坑镇

一是突出规划引领，提升城乡空间建设品质。选取东坑村作为试点，实行“一村一方案两规划”，并开展了丁屋、彭屋、黄屋及角社 4 村共 3.5km^2 的美丽幸福村居特色连片示范区建设。统筹迎宾路两侧 700 多亩新增土地，发展现代新能源、药业基地、智能制造产业，构筑“产城人”高度融合的城市品质空间。注重城市公共生活空间精细管理，启动镇中心区 3 个立体停车楼建设，预计新增车位 1700 个，着力缓解“停车难”和“六乱”整治问题。

二是统筹推进城市更新改造，拓展产业发展空间。积极探索利用城市更新政策，在政策范围内帮助早期统筹地块容积率提高至 4.0，全市首个 3.0 高容积率“工改工”项目——三甲工业城等 4 宗已竣工，优品等容积率为 4.0 的项目陆续动工建设。积极挖掘私人出租屋存量资源和空间，通过推动员工走出工厂、融入社会，实现“宿舍变厂房”，实现无须新增建设用地即可拓展企业生产空间。此外，东坑镇还结合新增工业用地、加快“三旧”改造、盘活闲置用地等多项措施，计划腾挪土地 5700 亩，进一步整合、挖掘和提高土地利用效率，致力于拓展发展空间。

三是突出利益共享，推动集体经济提质增效。实行土地统筹利益共享机制，对于镇政府收储村组的经营性用地、产业用地，按照“地价款 + 土地使用补偿款 + 土地出让净收益 / 税收奖励”相应比例来统筹。建立由镇经济联合总社和村合作开发建设的模式，高效运作 20 亿元镇村联动产业发展基金，以容积率 3.0 为分界点，根据实际新建物业来分配收益。目前已启动黄麻岭、小塘等 4 个村组共约 200 亩的集体项目，有效统筹村组土地资源，提高村组集体收入。统一按照新制定的工业项目准入标准和引进优质工业项目奖励办法，由镇招商引资，着重引进成长性强的大项目，按镇级分成部分的 30% 奖励村集体，促进农村集体经济提质发展。

（2）清溪镇

一是建立健全促进城乡融合发展的体制机制和政策体系。制定《清溪镇关于推进乡村振兴战略的实施意见》，拟定《东莞市清溪镇乡村振兴战略规划项目计划书》，专题策划土桥村、铁场村、长山头村等第一批试点村的乡村振兴规划方案，计划 5

年内共投入10亿元，全镇21个村（社区）全面完成农村人居环境整治，村、组两级集体总资产超过50亿元，年经营纯收入超过9亿元，尽早全面实现农业强、农村美、农民富。

二是大力开展环境大整治行动，制定《清溪镇农村人居环境整治村（社区）清洁行动方案》《清溪镇关于“千村示范、万村整治”的生态宜居美丽乡村实施方案》《2019年清溪镇农村人居环境工作要点》，以基础整治为主，以“三清、三拆、三整治”及创建干净整洁村、“厕所革命”、生活垃圾及污水处理等方面为工作重点，以重河村厦塘老围脏乱差问题整治为切入点，全面开展农村人居环境大整治行动，做到“全覆盖、零容忍、严执法、重实效”，确保全镇100%的村（社区）达到干净整洁村的标准。

三是结合产业转型升级、水环境污染治理、城市更新、全域旅游等一系列重点部署，统筹盘活各种资源力量，打造一批具有示范带动性的乡村振兴项目。重点推进富民强村，把清溪生态农业产业园建设成为特色都市农业生产基地，加快推进“古韵铁场村”“欢乐清溪湖”“运动大王山”等A级乡村旅游景区和旅游特色村建设，并结合“大湾区·清溪科技生态城”“米德兰工改工”等项目建设，示范带动镇村组土地连片开发；推进宜居建设，试点实施三星村百家輋地块城市品质提升工程，并统筹开展全镇村（社区）“烂路”治理，利用闲置地、废旧厂房等资源建设体育设施和停车场，确保全镇村（社区）体育公园覆盖率达100%；推进文化传承，加强对名人故居、客家碉楼、红色革命遗址等清溪特色文化村落、文化建筑的保护，支持客家山歌、客家酿酒、麒麟舞等非物质文化遗产保护项目的发展。

（3）长安镇

一是加强对利用率低、产出率低和闲置的旧建筑的升级改造，推进创新创业、公共服务等方面重点项目建设。长安镇引导社区发展服务型和投资型经济，支持社区以直接入股、合作开发和信托投资等多种形式参与投融资项目建设。例如，积极推动新民社区与天安数码城、万科等大型企业集团签订合作意向，打造产城融合示范区。其中，天安数码城规划建设项目占地220亩，首期用地110亩，计划引入一大批智能制造及相关配套企业；万科集团规划建设项目占地500亩，将重点建设创新科技园区及人才公寓、学校、医院等相关配套设施。此外，长安镇还以科技商务区为载体，着力打造省智能手机特色小镇，规划面积3.35km^2。智能手机特色小镇将以OPPO、vivo等智能手机品牌为带动，整合周边华为、金立、宇龙、小天才等智能手机、智能穿戴核心企业，以及相关电子信息、五金模具企业，打造全球智能终端（手机）产业创新基地。

二是大力开展城乡人居环境综合整治、美丽幸福村居、“公园长安”等建设，提升城乡空间品质。在环境整治方面，按照“一网两厂三整治”的总体思路，长安镇加大力度推进以茅洲河污染综合整治为重点的治水工程。截至2018年12月，共建成截污管网88.5km，完成了人民涌、三八河等黑臭河涌治理，建成了长安新区污水处理厂。在建设美丽幸福村居方面，长安镇以涌头被纳入东莞市“美丽乡村”建设示范点为契机，大力推进涌头社区旧村改造，总改造面积500多亩，规划建设文天祥系列文化项目、山水田园景观、工业区整治提升项目、环山路景观带，以及开展整个社区的“六乱”整治项目等，以点带面，推动各社区搞好美丽幸福村居建设。同时，长安镇大力实施“公园长安”战略，研究制定“公园长安”实施方案，积极整合一批、提升一批、建设一批社区公园，加快建设“两长廊四公园”（即莲花山生态绿道长廊、茅洲河道生态长廊，以及涌头文天祥公园、新安鲫鱼嘴公园、汽车北站桥底公园、锦厦桥底公园），确保每个社区至少建设一个公园，为老百姓提供优美的生活环境。

三是完善城乡一体的公共服务体系。长安镇加快补齐农村教育、医疗、文化、卫生、交通等公共服务短板，不断完善各项社会保障，进一步做好扶贫助困工作，建立健全覆盖全民、普惠共享、城乡一体的基本公共服务体系，特别是加快推进新学校、医院和养老院等民生设施的建设。同时，长安镇还进一步完善社区基础设施，完成道路交通升级改造和公共停车场建设，补齐社区公共服务“短板”。

第 5 章
土地功能优化与再开发规划研究

5.1 土地再开发功能优化

5.1.1 土地再开发功能优化目标与定位

1. 再开发功能优化目标

土地再开发功能优化目标应采取定性目标与定量目标相结合的方式进行确定。其中，定性目标是对研究区域土地再开发功能优化配置的愿景描述与展望，应依据土地供需情况、产业发展情况、人口与历史文化发展、城市形象和人居环境等情况进行确定；定量目标则是在定性目标的基础上，通过实地调研和国土数据的统计，确定土地再开发功能优化的定量目标。

土地功能优化的目标分为“总体目标”“分类目标”和“分期目标”三类来确定，三类目标之间要相互衔接。

总体目标在国家、省、市级政策背景分析的前提下，基于现状用地情况，衔接相关规划及本规划的土地再开发定位进行确定。如通过土地再开发盘活和释放存量土地，促进节约集约用地，推动产业转型升级和经济发展方式转变，切实改善人居环境和提升城市形象，完善城市功能和优化空间结构，传承历史文脉，促进经济、社会和环境等方面的全面改善，推动城市竞争力整体提升，为建设“现代化宜居城市”提供有力支撑。总体目标的分项目标包括经济目标、社会目标和环境目标。在总体目标的总述中需要对分项目标进行简单概括，并在分项目标中对这三项目标再进行详细解说。

分类目标主要是对“城镇”“村庄”等不同类型的再开发对象进行再开发目标的确定，因其区位条件、使用功能和权属情况不同，再开发目标的侧重点也有所不同。

例如，“城镇”的再开发目标可以是：“应以保护历史文化遗产为基本前提，以提升城市服务功能和改善人居环境为首要目标，有计划地实施再开发，通过环境目标建设推动经济目标和社会目标的实现。应优先适度疏解旧城人口和居住功能，为现代服务业提供更多的发展空间，促进城市功能的提升，引导空间结构的优化。同时，通过再开发全面消除危破旧房，切实改善公共服务设施和基础设施，增加公共开敞空间，建设成环境良好、配套设施完善、地方特色鲜明、文化底蕴深厚的发展地区，提供具有吸引力的服务环境和人居空间。”

分期目标则是对总体目标进行分解，这也为规划再开发时序的确定提供了基础。每一时期的目标都需要确定再开发完成的宗地数量、面积、所在区域，以及再开发达到的效果。

2. 再开发功能优化定位

根据所在城市、区、镇国民经济和社会发展计划、土地利用总体规划、功能片区土地利用总体规划、城乡规划（城市总体规划、重点片区及所辖镇区控制性详细规划、“三旧”改造规划）、其他专项规划（林业、水利、产业、基础设施等规划）、相关法律法规政策和当地的未来发展趋势，考虑各规划对研究区域所在地的发展定位、发展趋势、用地规模和方向等方面的因素，在城市发展、人口、土地、经济产业、生态环境等方面考虑确定土地再开发定位。

5.1.2 土地再开发功能优化方向

在土地再开发功能优化目标与定位确定的基础上，考虑土地利用总体规划、城乡规划、主体功能区规划、产业规划、基础设施规划等各种规划对未来发展方向的确定，结合实际发展现状和未来发展诉求，确定研究区域的土地再开发方向。再开发方向的确定需要结合上位规划、类型区划分、再开发定位进行，主要是根据主导产业、发展方向来确定改造后宗地的主要用途。

5.1.3 土地再开发规模与布局优化

1. 再开发规模确定

在土地再开发目标和方向确定的基础上，结合人口规模和建设用地摸查情况确定再开发用地规模。一般情况下，分近期、中期和远期确定土地再开发规模，如近期再开发规模为根据调研和土地利用总体规划、城乡规划、国民经济和社会发展规划、林业规划等众多规划叠加、衔接后的空闲、闲置存量建设用地总量，中期再开发规模为宗地上建筑在 20 世纪 90 年代之前的所有建设用地量，远期再开发规模为除去近期和中期再开发外的所有剩余量。

2. 再开发总体用地布局

在土地再开发规模确定的基础上，结合土地再开发的目标和方向，确定土地再开发后的总体用地功能布局区域。

（1）划定土地再开发重点区域

划定土地再开发重点区域的目的在于更有针对性地制定土地再开发的规划指引，确定具体各地区的主导功能，形成再开发空间结构，合理安排再开发时序。划定原则如下。

①宗地分布凌乱无序，需要进行宗地整合、减少占地面积的区域；

②土地利用强度低，具有较大再开发潜力的区域；

③需要增加商业和公共服务设施用地，以构筑成区域综合服务功能中心的区域；

④工业用地土地利用强度不高、效益差、环境恶劣，对周边居住功能影响较大，需要进行再开发、综合整治的区域；

⑤宗地分布零散，土地利用强度低，具有复垦潜力的区域。

（2）制定土地再开发重点区域规划指引

根据土地利用现状，考虑再开发定位与功能空间布局，对各再开发重点区域提出具体的规划指引。规划指引的内容包括该重点区域应如何进行再开发，以及采用什么再开发模式。

再开发规划指引可以参考以下方面（表 5–1）。

再开发指引参考 **表 5–1**

编号	再开发规划指引
1	土地复垦，恢复生态
2	农村住宅用地整理，增加公共管理与公共服务设施用地
3	农村住宅用地整理，配套相应商业、公共服务设施
4	农村住宅用地整理，工业用地外迁入园
5	农村住宅用地整理
6	工业用地整理，住宅用地外迁，增加商业用地
7	工业用地整理，住宅用地外迁，结合科教用地再开发
8	工业用地整理，住宅用地外迁
9	工业用地整理，住宅用地、商业用地外迁
10	工业用地整理，地块整合，提高开发强度
11	房地产开发

注：以上再开发规划指引可以根据实际情况进行补充调整。

（3）确定土地再开发重点区域主导功能

在重点区域规划指引的基础上，结合各村的发展定位，与相关规划相衔接，确定各区域再开发之后的主导功能。

再开发主导功能可以参考以下方面（表 5–2）。

再开发主导功能参考　　表 5–2

编号	再开发主导功能
1	农业
2	居住
3	居住和公共服务
4	居住、商业和公共服务
5	工业
6	工业、商业
7	工业、科研
8	旅游

注：以上再开发规划指引可以根据实际情况进行补充调整。

（4）提出土地再开发空间结构

根据以上重点区域的再开发主导功能，制定其再开发空间结构。再开发功能空间结构包括再开发中心、轴、节点、组团等。制定各中心、节点等再开发之后的主导功能，以及采取的再开发模式。

（5）安排各村再开发规划时序

根据划分的建设用地重点区域及其规划指引、主导功能、建设用地再开发空间结构和各村建设用地再开发潜力大小安排各村再开发规划时序。

3. 再开发分类用地布局

在土地再开发总体用地布局下，根据土地再开发类型区划分和潜力预测，确定分类建设用地再开发的面积及其占比。

5.1.4　土地再开发规划开发强度指引

土地再开发强度指引包括以下内容。第一，以再开发功能分区为单元进行总体控制。第二，重点对再开发功能分区内的土地使用类型和功能、总体再开发用地面积、各类型功能用地面积及开发强度、改造总建筑面积、各类型功能建筑面积、非经营性用地及道路绿地等进行总量控制。第三，控制再开发分区主导功能应衔接城市总体规划的要求，分为生活居住、商业服务、基础设施及公共服务、生态绿地等几大类。第四，具体的用地性质控制应协调相关总体规划或控制性详细规划进行确定。其中包括对商业金融用地以及居住用地（商住用地）综合表达为经营性用地，具体用地功能在具体改造方案时结合市场需求确定；对公共服务设施用地、市政设施用地、绿地等非经营性用地进行总体规模控制；非建设用地确定其位置及用地面积。第五，对每个地块提出容积率、建筑面积、建筑密度、绿地率及建筑高度等相关指标明确控制要求。第六，通过再开发项目进一步优化区（县）、乡镇、村、地块内路网结构、生态结构、空间布局、公共设施配套等城镇发展构架。

1. 容积率指引

通过对城市轮廓线与景观的控制、对环境效益的保护和经济效益的保证，形成张弛有致、节奏鲜明的城市格局。

再开发地区应编制控制性详细规划，建筑容量的确定要以经批准的控制性详细规划为依据。

再开发区域的建筑容量控制指标应结合现状情况、服务区位、交通区位、环境区位和土地价值等因素进行综合分析后确定，一般地块的建筑容量控制可参考表 5–3、表 5–4 的规定。为充分体现集约节约土地利用原则，地铁上盖等公共交通配套完善区域的开发强度可适当提高。

规划容积率指标分级　　表 5–3

级别	一	二	三	四
住宅建筑容积率指标	1.0~1.5	1.5~2.0	2.0~2.5	2.5~3.5
商业、办公建筑容积率指标	≤ 1.5	1.5~2.7	2.7~4.5	—

容积率指标调整　　表 5–4

类型	现状容积率指标	规划容积率级别	允许调整幅度
住宅建筑	≤ 1.0	一	应增 0~1
	1.0~1.5	一、二	可增 0~0.5
	1.5~2.0	一、二、三	可增减 0~0.5
	2.0~2.5	二、三、四	可增减 0~1
	2.5~3.5	三、四	应控制在 3.5 以内
商业、办公建筑	≤ 1.5	一、二	可增 0~0.8
	1.5~2.7	一、二、三	可增减 0~1.8
	2.7~4.5	二、三	应控制在 4.5 以内

2. 建筑密度指引

通过建筑密度的低限控制来提高土地的集约节约利用程度，限制低密度蔓延式开发，保证城镇集聚效益的产生，计算方法为：容积率 /（建筑高度 /3）。

此外，依据当地城市总体规划条例、控制性详细规划规程等法律法规，根据区（县）、乡（镇）、村庄、地块的具体情况、周边环境的协调性、舒适性、采光性、节约集约性，建议建筑密度分为以下五级分布区。

①低建筑密度区（0~10%）：主要为区（县）、乡镇、村、地块中将村庄和工矿厂企再开发为绿地、广场、道路等用地的区域；

②中低建筑密度区（10%~20%）：主要为将村庄再开发为体育、市政基础设施用地的区域；

③中建筑密度区（20%~30%）：主要为将村庄和工矿厂企再开发为文化、医疗、科教用地的区域；

④中高建筑密度区（30%~40%）：主要为区（县）中心城镇区再开发为城市公共服务用地的区域；

⑤高建筑密度区（40%~60%）：主要为区（县）、镇的中心城镇区中将城镇区或工矿厂企再开发为商业金融、行政办公用地以及高密度开发的厂房等区域。

3. 建筑高度指引

将规划道路的等级、功能，以及重要开放空间之间的联系路径作为主要视廊的控制要素对建筑高度进行管制，形成高低错落、富有韵律的城市形态，达到显山露水、烘托山脊线的效果，形成优美的城市轮廓线。

此外，依据当地城市总体规划条例、控制性详细规划规程等法律法规，根据区（县）、乡镇、村庄、地块的具体情况和周边环境的协调性，建议建筑高度分为以下五级分布区。

①一级高度分布区（>100m）：主要分布在中心城镇区和“城中村”；

②二级高度分布区（60~100m）：主要分布在城镇地区的镇区或者繁华地带；

③三级高度分布区（36~60m）：主要分布在城镇地区的城郊村；

④四级高度分布区（10~36m）：主要分布在散布于区（县）或者乡镇镇区边缘的村庄或者工矿厂企；

⑤五级高度分布区（0~10m）：主要分布在城边村及其工矿厂企。

除此之外，项目及地块在遵循上述开发强度的情况下，还可对新增地块的建筑高度和容积率进行控制，对原有地块的建筑高度和容积率提出控制意见。

宗地的容积率、建筑高度、建筑层数、建筑密度的控制和确定可按以下流程进行：

确定项目地块规划宗地面积，通过规划布局和地块形态设计确定规划后的宗地面积，确定项目地块规划宗地容积率。

宗地容积率根据以下几点确定。

①在项目范围的周边地区，以开发现状较为良好的地块作为再开发的参考对象，参考其容积率确定项目的地块容积率；

②与上级再开发规划相衔接，参考上级规划对地块容积率的控制，进而确定项目地块容积率；

③综合考虑实际情况确定项目地块容积率（如再开发的规划产业对容积率的要求等），确定项目地块建筑总面积（项目地块建筑总面积 = 项目地块规划宗地面积 × 项目地块规划宗地容积率），进而可确定项目地块建筑层数。

建筑层数根据以下几点确定。

①在项目范围的周边地区，以开发现状较为良好的地块作为再开发的参考对象，参考其建筑层数确定项目地块的建筑层数；

②与上级再开发规划相衔接，参考上级规划对地块建筑层数的控制，进而确定项目地块建筑层数；

③综合考虑实际情况确定项目地块建筑层数（如再开发的规划产业对建筑层数的要求等），确定项目地块建筑基地面积（项目地块建筑基地面积 = 项目地块建筑总面积 / 项目地块建筑层数），进而可确定项目地块建筑密度（项目地块建筑密度 = 项目地块建筑基地面积 / 项目地块规划宗地面积）。

5.2 土地再开发规划指引

5.2.1 与现有规划体系之间的衔接

1. 现有规划体系简析

城市总体规划、土地利用规划、环境保护规划等规划交织在一起，引领着城市的发展与建设（表 5–5）。

一般认为国民经济与社会发展规划用于确定发展目标和项目规模，城市总体规划用于安排项目布局和建设时序，土地利用规划用于确定耕地保护范围、用地总量及年度指标，环境保护规划用于确立环境指标、环境评价和预测、环境规划方案及实施监测 [187]。

城市总体规划的内容一般包括资源与条件综合评价、发展目标、资源开发规划、产业结构规划、产业布局规划、城镇体系规划、基础设施建设规划和环境保护规划等。

城市总体规划确定了城市的宏观总体格局，中观、微观的城市土地利用则由下一层次的详细规划控制，同时，详细规划编制和实施过程也受到市场因素的影响。因此，在城市总体规划这一层次只能确定城市的大框架和基础设施、公共服务设施及其公益性设施等市场作为一种经济手段难以控制的内容。

土地利用总体规划作为计划性规划，并不是指单独的一个城市在城市一级的土地利用总体规划，而是指一个体系，即全国—省—市—县—乡五级土地利用总体规划体系，通过由上至下的整体协调，最终将全国的总体指标落实到土地空间上，乡级土地利用总体规划作为最基本的土地利用总体规划，是实现由指标到土地空间的直接指导。土地利用总体规划具有整体性和综合性，土地利用总体规划针对的是区域内的全部土地，协调各部门的土地利用活动。不同级别的土地利用总体规划在内容上有所区别，市以下土地利用规划的主要内容主要包括明确土地利用的基本方针、调整土地利用结构和布局以及制定实施规划的措施[188]。

曾经在相当长的一段时间里，我国环境保护规划长期落后且让位给“发展规划”。直到2002年，环境保护总局与建设部才联合出台《小城镇环境规划编制导则（试行）》，结合小城镇总体规划和其他专项规划，划分不同类型的功能区，提出相应的环境保护要求，特别注重对规划区内饮用水源地功能区和自然保护小区、自然保护点的保护，尤其严格控制城镇上风向和饮用水源地等敏感区布局污染项目。环境保护规划的目的在于遵循生态规律和经济规律，主动调控人类自身的活动，使人和自然达到和谐相处，从而保护人类赖以生存的基础和环境[189]。

规划体系的基本情况及各规划主要内容　　表5–5

规划类别		规划内容
城乡建设规划系列	城镇体系规划	包括全国、省域、市域、县域的城镇体系规划和市（县）域、乡（镇）域的村镇体系规划等，内容为城镇（村镇）空间发展策略和指引、城镇（村镇）发展设施支撑体系、重点城镇（村）用地规模控制等
	城镇总体规划	以发展定位、功能分区、用地布局、综合交通体系、管制分区、各类基础与公共设施等为主要内容，规划区范围、用地规模、基础与公共设施用地、水源地和水系、基本农田和绿化用地、环境保护、自然与历史文化遗产保护以及防灾减灾等应作为强制性内容
	控制性详细规划	以土地使用控制为重点，包括地块用地功能和指标控制、基础设施与公共设施用地规模范围及控制要求、地下管线控制要求、“四线”及控制要求等
发展规划	区域规划	区域发展战略、产业发展方向、城镇布局、区域基础设施建设、环境保护与生态建设、资源利用保护
	主体功能区规划	国土空间的分析评价，各类主体功能区的数量、位置和范围，各主体功能区的功能定位、发展方向、开发时序和管制要求，差别化配套政策等

续表

规划类别		规划内容
国土资源规划系列	土地利用总体规划	规划目标与指标、耕地和基本农田保护、城乡建设用地布局与规划控制、基础设施与重大项目建设用地布局、生态用地布局、用途分区与空间管制、补充耕地项目安排、上级任务落实与下级规划指标分解控制等，其中乡级规划落实到地块
	林地保护利用规划	林地资源现状、林地用途管制与分级管理、林地结构调整与利用经营、林地补充、林地保护工程措施等，全国和省级规划要强调战略性、政策性，县级规划要突出空间性、结构性和操作性
	矿产资源总体规划	由全国性（总体和专项规划）、地区性（包括省、市、县级和跨行政区的总体和专项规划）和行业性矿产资源规划构成，专项规划包括调查评价与勘察规划、开发利用与保护规划等
生态环境规划系列	生态功能区划	根据区域生态环境要素、生态环境敏感性与生态服务功能空间分异规律，将区域划分成不同生态功能区，明确各生态功能区功能定位、保护目标、建设与发展方向等
	地质灾害防治规划	地质灾害现状和趋势、防治原则和目标、易发区与重点防治区、防治项目、防治措施等
	水土保持规划	水土流失状况、水土流失类型区划分、水土流失防治目标任务和措施、预防和治理水土流失的整体部署等

目前，我国现有规划体系中仍存在以下几个问题。

（1）各规划内容的不平衡

发展规划在我国具有较高权威性。国民经济和社会发展总体规划是以国民经济和社会发展各领域为对象编制的规划，是中长期发展战略在时间序列上的具体体现，侧重于宏观经济、产业经济、社会发展和人民生活，是统领规划期内经济社会发展各领域的宏伟蓝图和行动纲领。国民经济和社会发展规划是最重要的一类综合性规划，也是区域内其他规划编制的基本依据，但其缺点是空间概念不强，内容过于宏观，难以起到指导具体开发活动的作用[190]。而以国民经济和社会发展规划为依据的是具有明确空间指向的专项规划和区域规划。城乡规划偏重物质性空间领域，对非空间因素考虑不足。城乡规划往往偏重对城市用地发展项目的落实，促进城市经济发展。土地利用总体规划往往偏重对耕地资源的保护，协调土地的总供给与总需求，确定或调整土地利用结构和用地布局，进而达到土地资源的合理有效利用。土地利用总体规划以耕地和基本农田保护规划为主，对生态用地、非耕农地、城镇用地等利用的研究深度不够。环境规划侧重于对一定时期内环境目标和措施所作出的规定，使人和自然达到和谐相处，从而保护和建设社会、经济发展的物质基础——环境[191]。从现实情况来看，城乡规划和土地利用总体规划对环境规划部分往往轻描淡写，仅笼统提出一些诸如“生态优先”的字眼，对具体项目的环境影响分析以及环境保护措施论述严重不足，甚至很多地方是先编制城乡规划或土地利用总体规划，后制定环境规划，环境规划仅仅作为城乡规划和土地利用总体规划的补充论证。相应地，环境规划往往局限于各项环境指标的解析，并提出具体的环境保护指标，对经济发展和土地利用需求考虑不足[192]。

造成规划体系整体发展不平衡的主要原因是规划管理体制与规划真实需求不相匹配。例如，缺乏跨区域的常规性规划管理机构，土地利用总体规划所要求的许多内容已超出了国土部门的权限和职责，基层规划技术和资金投入与其需求相比十分薄弱；次要原因则是由于我国各规划类型发展历程不同，大多数仍处于发展完善中，不平衡是发展过程中的产物[193]。

（2）人口预测及统计范围的不一致

人口预测几乎是所有规划的重要的基础工作。所谓人口预测，是指以人口现状为基础，并对未来人口的发展趋势提出合理的控制要求和假定条件（即参数条件），来获得对未来人口数据提出预报的技术或方法。合理预测人口对各种资源规划和社会可持续发展有着十分重要的意义。未来人口规模是城乡规划确定城市建设用地总规模、城市功能分区的最根本的依据之一，是土地利用总体规划中确定各类土地需求量控制性指标、调整土地利用结构、实现土地供需平衡、解决人地矛盾的重要依据，也为环境规划中生态环境建设总体目标的确定，生态功能区划、指标体系的确定及各项生态专项规划的编制提供重要的参考依据。人口预测是否科学、准确，直接关系到规划方案是否合理和实用。人口预测的基础是人口统计口径，不同规划的人口统计基数的差异直接造成人口预测结果的巨大差异。同时，不同规划由于编制单位的差异，使其在人口预测方法和预测模型的选用上千差万别，其中环境规划的人口预测更注重环境承载力分析[194]。

（3）规划体系存在差异

针对不同地理区域和不同问题，我国制定了诸多不同层级、不同内容的空间性规划，组成了一个复杂的体系，共同进行经济、社会、生态等政策的地理表达，主要包括城乡建设规划、经济社会发展规划、国土资源规划、生态环境规划、基础设施规划等系列[195]。由于长期计划经济的影响以及条块分割管理体制的制约，我国规划体系在相当长的一段时间内总体上过于庞杂，规划层级间的关系也不尽合理。一是城乡建设规划系列和发展规划系列均存在上级规划对下级规划约束性较弱、指导性不强的问题，如经济社会发展的总体规划、区域规划对下级总体规划、城镇体系规划对下级城镇总体规划，缺乏相应的约束引导手段是其主要原因。二是虽然土地利用总体规划通过自上而下的指标分解实现了上级规划对下级规划的约束控制，然而却付出了较大的经济、社会和生态成本，如由此带来的“寻租”和腐败、耕地占优补劣、过度开荒围垦等不良现象。三是规划层级间的差异性未能充分体现。一般情况下，上级规划应侧重于战略性、政策性，下级规划侧重于操作性、适应性，但我国规划实践中存在上级规划战略性、政策性不足和下级规划简单模仿上级规划而操作性、适应性不强的问题。由于在规划内容和规划体系上的差异，导致不同规划之间出现矛盾和冲突。例如，城乡规划的建设用地预测需求规模往往大大超过土地利用总体规划的预测需求指标，环境规划所设置的各种环境保护指标在城乡规划和土地利用总体规划中重视不够等。

（4）编制的出发点和目的不同

土地利用总体规划的出发点是“一要吃饭，二要建设”，保证耕地，保证粮食生产。其主要目的为：在不增加土地面积投入的条件下，优化土地供需平衡的结构，统筹安排各类用地，促进国民经济持续、稳定、协调发展。土地利用总体规划侧重于规划的结果是否实现区域土地供需的综合平衡，是一种指令性目标。

城市总体规划的出发点是“一要建设，二要吃饭”，充分考虑城市自身建设发展的要求，其主要目的为：统筹安排城市各类用地及空间资源，综合部署各项建设，促进城市经济和社会协调发展。它侧重于规划的过程，它的结果只是一种预测，强调的是为达到城市经济和社会发展的阶段性目标而进行的调控过程。

任何规划都必须以谋取人类健康为出发点，使人与自然和谐相处，最终实现可持续发展，任何规划在编制时都不得突破环境规划这一根本原则。同时，城乡规划应树立耕地保护的观念，尤其是基本农田的保护，合理利用和珍惜每寸土地，科学地引导和控制城市规模发展。土地利用总体规划应积极贯彻国家“实施城镇化战略，促进城乡共同进步”的发展方针，调整区域土地利用结构，严格控制分散的村庄和乡镇企业占用耕地，为城市发展提供充足的发展空间。在工作路线上，土地利用总体规划的上、下级规划应该相互借鉴，互为依据，科学合理地确定耕地占用的控制指标，并与同级城市规划密切结合，统筹考虑城市建设发展和耕地严格保护的需要。

（5）基础数据不一致

土地利用总体规划依据的是土地详查资料及土地利用变更调查的更新成果，获取过程中首先应用遥感技术，然后经实地调查、核实、纠正而形成，可信度较高；而城市总体规划依据的是城市建设部门的统计资料，对用地进行统计时，往往采取抽样调查的方法，所得到的数据为概查和估算数据，与遥感监测实地调查资料存在一定差异。另外，基础资料所采用的基年也存在不一致的现象。

（6）规划编制技术标准存在差异

根据相关法律法规，国民经济社会发展规划期限为 5 年，城市总体规划期限一般为 20 年，土地利用总体规划期限为 15 年，各类规划编制的规划目标和内容会存在一定差异。由于各规划的基年和目标年往往不一致，预测所用到的数据和模型也不一样，不同规划预测的数据就不可能互相参照，导致规划之间无法相互参考和指导。此外，由于多个规划技术标准不统一、规划基础和期限不统一，在执行这些规划时相互影响，甚至造成协调困难和规划失效。

2. 与国民经济和社会发展规划的衔接

（1）国民经济和社会发展规划与土地再开发规划的衔接

国民经济和社会发展规划与土地再开发规划的关系应是上位规划与下位规划的关系。土地再开发规划应依据国民经济和社会发展规划，主要衔接的方面包括产业引导、节约集约用地、人口、公共服务基础设施、年度计划管理等。

发展规划的产业引导。国民经济和社会发展规划提出产业发展的目标、战略、任务和工作。第一，土地再开发规划的产业内容应符合该再开发规划的上位发展规划对产业提出的定位与要求。第二，土地再开发规划应以发展规划所确定的产业战略作为评判是否再开发的依据。国家产业政策规定或被地方发展规划划为禁止类、淘汰类产业的用地，作为是否再开发的产业依据。第三，发展规划所确定的产业战略应引导土地再开发的产业选择，同时，符合发展规划的产业战略的土地再开发可以引入激励机制，以更好地引导地区的产业发展和升级转型。

节约集约用地方面。国民经济和社会发展规划可以在现有基础上提出节约集约用地和建设用地效益方面的具体目标，土地再开发规划的目标与之衔接，并落实该目标。

人口方面。土地再开发必然会涉及居住和就业人口的迁移，从而改变地区的人口格局。因此，土地再开发的规划人口必须以发展规划中的人口战略为依据，同时，土地再开发的规划人口也是确定再开发的建设用地面积、土地面积、容积率和人口密度等的依据。

公共服务基础设施方面。土地再开发也必然会涉及公共服务设施的配套，因此，土地再开发规划中的公共服务设施配套内容也须与发展规划中的公共服务设施发展战略相衔接。

年度计划管理。首先，随着土地再开发规划体系的建立，土地再开发内容应明确地写入国民经济和社会发展规划的年度计划，包括土地再开发的年度目标和工作任务，为土地再开发规划争取更大的执行力。其次，土地再开发规划还应有明确、具体的土地再开发年度目标和行动计划内容。

（2）主体功能区规划与土地再开发规划的衔接

土地再开发规划与主体功能区规划的衔接主要有以下几点。

划分片区的衔接。土地再开发类型区的划分主要参考主体功能区规划中所划定的功能区。

功能上的衔接。位于不同功能区的土地再开发项目应符合该功能区的功能定位、发展方向。

土地再开发规划应与主体功能区规划中的绩效考核内容挂钩，即土地再开发也作为考核地方政府的一项参考指标。

3. 与土地利用总体规划的衔接

土地利用总体规划与土地再开发规划需要衔接的地方有以下几个方面。

土地利用类型分类与数据库的衔接。土地再开发规划中的土地利用类型分类在大、中、小类层面应与目前我国的土地规划中的土地利用类型分类相衔接。同时，土地再开发规划在建设用地这一类用地中，应在城镇用地、农村居民点用地等小类的基础上继续细化，并能够与土地规划的分类相互转换。另外，土地再开发规划应采用最新全国土地利用调查的成果，在数据库上能够与土地规划的数据库互相兼容和转换。

应构建与土地利用总体规划体系一致的土地再开发规划体系。即构建全国、省（自治区、直辖市）、地区（省辖市）、县（市）和乡（镇）五级的土地再开发规划体系，且每个层次的规划在目标、战略、土地利用布局等方面相衔接。

应符合土地利用总体规划建设用地空间管制要求。土地再开发规划的规划建设用地范围位于土地利用总体规划中的允许建设区和有条件建设区内，且总建设用地规划面积不可突破土地利用总体规划的规划面积规模。

土地整治工程内容的衔接。土地再开发规划应与土地利用总体规划中的城乡建设用地增减挂钩、土地复垦整理开发等土地整治工程内容进行密切衔接，并且应是这些内容的细化，对落实这些内容作出严谨的分析，明确工作时序和具体行动计划，并充分考虑资金安排等。

土地权属作为基础数据。土地再开发规划应把调查土地权属作为一项基础性工作，因此应与各级国土部门紧密联系，以地籍图数据作为基础数据之一。

年度计划管理。土地再开发的年度具体行动应纳入土地利用年度计划。

4. 与城乡规划的衔接

城乡规划与土地再开发规划需要衔接之处如下。

须符合城市总体规划的土地利用规划图。土地再开发规划应符合城市总体规划的土地利用规划图。经过再开发的地块的土地利用类型不应与城市总体规划和控制性详细规划中的土地利用规划图产生冲突。

应与城市总体规划的城市性质和功能定位保持一致。土地再开发规划应与城市总体规划中确定的城市性质、功能定位保持一致，并以此作为确定再开发的开发密度、用地产业、建筑类型的依据。

与城市近期建设规划的衔接。土地再开发规划应与近期建设规划对接，以增加规划的可操作性。年度计划管理下的土地再开发项目必须纳入城市近期建设规划年度实施计划中。

用地分类的衔接和相互转换。土地再开发规划的土地利用分类应能够与城乡规划中的用地分类相互转换。

公共服务基础设施方面。总体规划有公共服务设施规划内容，包括公共服务设施用地的空间结构、各类公共服务设施用地的空间布局。控制性详细规划对再开发地块范围、配建基础设施和公共服务设施的类型与规模应作出指引。土地再开发规划可以在控制性详细规划的基础上，规定再开发主体配建一定比例的公共服务基础设施或保障性住房,以实现公共服务设施的均等化、合理的住房供给和土地的合理再利用。同时，可以借鉴国外控制性详细规划中“区划红利”（zoning bonus）的理念，对配建公共服务基础设施予以容积率方面的奖励等。

地块划分的一致性。土地再开发规划中的地块划分原则应与控制性详细规划尽量保持一致，在已编制控制性详细规划的地区，土地再开发地块划分和编码也尽量与控制性详细规划衔接。

再开发项目应满足控制性详细规划限定的条件。再开发的地块应满足控制性详细规划确定的地块主要用途、建筑密度、容积率，建筑类型也应满足控制性详细规划所规定的各类用地内适建、不适建或者有条件地允许建设的建筑类型。

再开发项目中，对低碳、绿色建筑建设给予一定的容积率奖励。随着低碳理念的深入、绿色建筑技术的成熟和广泛应用，可通过容积率奖励措施鼓励在再开发项目中实施低碳、绿色建筑标准，在建立一套技术标准体系的基础上，通过综合评价建筑在节地、节能、节水、节材、保护环境、全生命周期等方面的贡献，确定相应的建筑面积奖励。

5. 土地再开发规划与“三规”体系的衔接

综上所述，土地再开发规划与国民经济和社会发展规划、土地利用总体规划和城乡规划之间的关系可归纳为表 5–6。

土地再开发规划与“三规”体系的衔接　　表 5-6

内容	土地再开发规划	国民经济和社会发展规划	土地利用总体规划	城乡规划
规划体系	规划体系主要与土地利用总体规划的规划体系衔接	全国、省（自治区、直辖市）、地区（省辖市）、县（市）和乡（镇）五级规划体系	全国、省（自治区、直辖市）、地区（省辖市）、县（市）和乡（镇）五级＋功能片区规划体系	全国、省（自治区、直辖市）、城市（城镇）和乡村四个层面
年度计划管理	应有具体的土地再开发年度目标和行动计划，并与发展规划、土地规划和城乡规划的年度计划相衔接	明确建设用地再开发的年度目标和工作任务	将建设用地再开发纳入土地利用年度计划	将建设用地再开发纳入近期建设规划年度实施计划
产业	①产业规划内容应符合发展规划对产业提出的定位与要求； ②应以发展规划所确定的产业战略作为评判是否再开发的依据； ③符合发展规划的产业战略的建设用地再开发可以引入激励机制； ④应符合城乡规划中的产业战略、产业空间布局和结构	提出产业发展的目标、战略、任务和工作	—	提出产业发展的具体战略、产业空间布局和结构
建设用地	①不突破土地利用总体规划的范围和规模； ②落实城市总体规划的用地安排	—	确定允许建设区和有条件建设区	对各种建设用地作安排
公共服务基础设施	①符合发展规划的公共服务设施建设目标和任务； ②符合城市总体规划的公共服务设施规划； ③规定再开发主体配建一定比例的公共服务基础设施和保障性住房，且应符合控制性详细规划要求	发展规划确定了公共服务设施建设目标和任务	—	①总体规划对公共服务设施用地的空间结构、各类公共服务设施用地的空间布局作出安排； ②控制性详细规划对再开发地块范围、配建基础设施和公共服务设施的类型与规模应作出指引
人口	①符合发展规划的人口发展战略； ②再开发的人口密度应符合各级城乡规划的要求（根据人口来确定建设用地面积、公共服务设施的配套）	对建设用地再开发之后的人口格局作出指导	根据人口测算建设用地规模	根据人口测算各种城市用地的规模和公共服务设施的配套规模
用地分类	①与目前我国土地规划中的土地利用类型分类相衔接，同时，土地再开发规划在建设用地这一类用地中，应在城镇用地、农村居民点用地等小类的基础上继续细化，并能够与土地规划的分类相互转换； ②应能够与城乡规划中的用地分类相互转换	—	①土地利用现状分类； ②土地利用规划分类	城乡用地分类
数据库	在数据库上能够与土地规划的数据库互相兼容和转换	—	提升与建设用地再开发规划数据库的兼容性	—

续表

内容	土地再开发规划	国民经济和社会发展规划	土地利用总体规划	城乡规划
再开发范围与空间管制	①应符合土地利用总体规划建设用地空间管制要求； ②应与城市总体规划的空间管制相衔接	—	土地利用总体规划建设用地空间管制	城市总体规划的空间管制
建设用地再开发	①应符合发展规划的产业发展战略和节约集约用地要求； ②与土地利用总体规划中的土地整治工程相衔接； ③再开发的地块应满足控制性详细规划确定的地块主要用途、建筑密度、容积率和建筑类型	对再开发作出产业、用地效益等方面的指导	土地整治工程内容	控制性详细规划确定地块主要用途、建筑密度、容积率和各类用地内适建、不适建或者有条件地允许建设的建筑类型
地块划分	地块划分原则应与控制性详细规划的尽量保持一致，在已编制控制性详细规划的地区，地块划分和编码也尽量与控制性详细规划相衔接	—	—	控制性详细规划中有地块划分
建筑	在再开发项目中，对低碳、绿色建筑建设给予容积率方面的奖励	确定低碳发展、绿色发展的战略，鼓励低碳、绿色建设技术的使用	—	设定低碳、绿色建筑的容积率奖励条件
其他	应与主体功能区规划中的片区划分、功能定位进行衔接，并与政绩考核挂钩	—	—	—

5.2.2 与相关规划协同耦合下的土地再开发规划用地分类

1. 现有城乡规划用地分类标准

《城市用地分类与规划建设用地标准》（GB 50137—2011，以下简称“新国标”）体现了市场经济下城市发展的特点和对城乡规划提出的要求，其在延续原有的城市用地类型等级模式和基本结构的基础上进行了一定的调整和发展。在城市用地分类方面，“城乡用地分类体系”的新设，以及“城市建设用地分类体系”的调整是体现“新国标”修订中创新性工作的重要内容[196]。

“新国标”适用于城市总体规划和控制性详细规划的编制、用地统计和用地管理工作，县人民政府所在地镇及其他有条件的镇可参照执行。下面是“新国标”中与城乡规划相关的用地分类标准，主要包括“城乡用地分类体系”（也涉及村镇规划用地方面）与“城市建设用地分类体系”。

（1）城乡用地分类：2大类、9中类、14小类

现有城乡用地共分为2大类、9中类、14小类。城乡用地分类和代码应符合附表

1 的规定。

（2）城市建设用地分类：8 大类、35 中类、43 小类

现有城市建设用地共分为 8 大类、35 中类、43 小类。城市建设用地分类和代码应符合附表 2 的规定。

2. 现有的村镇用地分类标准

除了上述“新国标”中“城乡用地分类体系”对村镇建设用地的分类，现行主要的村镇用地分类标准为《镇规划标准》（GB 50188—2007）（以下简称《镇标准》）。《镇标准》在分类层级上与 1993 年颁布的《村镇规划标准》（GB 50188—93）（已废止）相同，仅在内容上有微小变化。

《镇标准》将镇用地按土地使用的主要性质划分为居住用地、公共设施用地、生产设施用地、仓储用地、对外交通用地、道路广场用地、工程设施用地、绿地、水域和其他用地 9 大类、30 小类，详见附表 3。

根据《住房城乡建设部关于印发〈村庄规划用地分类指南〉的通知》（建村〔2014〕98 号），“村庄规划用地分类”在同等含义的用地分类上尽量与《城市用地分类与规划建设用地标准》（GB 50137—2011）、《土地利用现状分类》（GB / T 21010—2017）相衔接。为体现村庄特色，村庄建设用地代码为“V”，代指村庄的英文表达“Village”；非村庄建设用地代码为“N”；非建设用地代码为“E”，代指“Water area and others”，与《城市用地分类与规划建设用地标准》（GB 50137—2011）相一致。用地分类采用大类、中类和小类 3 级分类体系。大类采用英文字母表示，中类和小类采用英文字母和阿拉伯数字组合表示。共分为 3 大类、10 中类、15 小类（附表 4）。

3. 现有土地利用规划的分类标准

（1）《土地利用现状分类》（GB / T 21010—2017）

在范围方面，该标准规定了土地利用的类型、含义，指出该标准适用于土地调查、规划、评价、统计、登记及信息化管理等工作。在使用本标准时，也可根据需要，在本分类基础上续分土地利用类型。

在总则方面，该标准提出三点：

①为实施全国土地和城乡地政统一管理，科学划分土地利用类型，明确土地利用各类型含义，统一土地调查、统计分类标准，合理规划、利用土地，制定本标准。

②维护土地利用分类的科学性、实用性、开放性和继承性，满足制定国民经济计划、社会经济宏观调控以及国土资源管理的需要。

③主要依据土地的用途、经营特点、利用方式和覆盖特征等因素，对土地利用类型进行归纳、划分。反映土地利用的基本现状，但不以此划分部门管理范围。

在编码方法方面，该标准规定了土地利用现状分类采用一级、二级两个层次的分类体系，共分 12 个一级类、56 个二级类。土地利用现状分类采用数字编码，一级采用二位阿拉伯数字编码，二级采用一位阿拉伯数字编码，从左到右依次代表一、二级（附表 5）。

（2）《国土资源部办公厅关于印发市县乡级土地利用总体规划编制指导意见的通知》（国土资厅发〔2009〕51 号）

该分类采用三级分类体系，其中，一级分 3 类，分别为农用地、建设用地和未利用土地；二级分 11 类，分别为耕地、园地、林地、牧草地、其他农用地、城乡建设用地、交通水利用地、其他建设用地、水域、滩涂沼泽和自然保留地；三级分 33 类（附表 6）。《土地规划分类》主要有以下几个特点。

①强调分类的连续性——各地类都能与土地现状分类建立完全的对应关系。

《土地规划分类》较好地延续了土地现状分类体系，各地类都能与土地现状分类建立完全的对应关系，从而能更好地利用现状调查资料为规划编制和实施评价工作服务。

②强调对农用地特别是耕地的保护——对农用地的分类细致，建设用地分类较粗。

土地规划的核心思想是保护耕地与基本农田，控制建设用地。与此相对应，其对农用地的分类更为细致，按照农业生产特点和土地实际用途分了 5 个中类；而对建设用地的分类则相对粗略，不再根据具体用地性质来分类，而是依据土地规划调控目标来进行分类。

③强调对城乡用地的控制——将城乡用地规模作为约束性指标来进行控制。

在建设用地的中类中，城乡用地单独设立中类，土地规划指标体系中也将城乡用地规模作为约束性指标来进行控制。

通过与《土地利用现状分类》（GB / T 21010—2007）和《镇规划标准》（GB 50188—2007）等用地分类相互衔接，进而确定乡镇建设用地再开发规划地类。

4. 与城乡规划、土地利用规划等规划衔接的土地再开发用地分类

虽然我国现有城乡规划、村镇规划的用地分类标准，现有土地利用规划的分类标准及其他用地分类标准日趋完善，逐步适应我国经济发展和社会需求，然而，我国现行的用地分类标准仍然存在诸多问题，主要表现为：

①城乡规划用地分类标准对混合用地的表达与控制方法仍显不足，面对市场经济环境中高度复杂的规划编制与用地管理工作仍然存在欠缺。

②城乡规划用地分类标准中不同层级用地分类的空间叠合问题仍然存在，部分核心问题仍未解决；同时，与其他用地分类标准的衔接仍然存在问题，缺乏与国土规划

的协调。

③城乡规划用地分类主要立足于建成区，缺乏对建成区外的指导，导致建成区外的规划建设失衡。

④土地利用规划分类标准的分类层次、类型数目少，并且分类界限不够严谨，存在较多模糊概念表述，这将影响到资料归并处理的科学性，故土地利用规划分类标准应该适当继续细分。

因此，为解决城乡规划、土地利用规划用地分类中所存在的问题，本研究将在充分考虑与《土地利用现状分类》(GB / T 21010—2017）和《城市用地分类与规划建设用地标准》(GB 50137—2011）等用地分类相互衔接的基础上，确定土地再开发规划地类（表 5–7、表 5–8)。

土地再开发规划地类与土地利用规划、城乡规划地类衔接表　　表 5–7

<table>
<tr><th colspan="6">土地利用总体规划用地分类</th><th colspan="4">对应镇规划用地分类</th><th colspan="3">对应建设用地再开发规划用地分类</th></tr>
<tr><th colspan="2">一级地类</th><th colspan="2">二级地类</th><th colspan="2">三级地类</th><th rowspan="2">地类代码</th><th rowspan="2" colspan="3">地类名称</th><th rowspan="2">地类代码</th><th rowspan="2" colspan="2">地类名称</th></tr>
<tr><th>地类代码</th><th>地类名称</th><th>地类代码</th><th>地类名称</th><th>地类代码</th><th>地类名称</th></tr>
<tr><td rowspan="11">2000</td><td rowspan="11">建设用地</td><td rowspan="11">2100</td><td rowspan="11">城乡建设用地</td><td rowspan="7">2110</td><td rowspan="7">城镇用地</td><td>R</td><td>居住用地</td><td rowspan="6">设市城市市区范围、建制镇镇区范围内的建设用地</td><td rowspan="11">建设用地</td><td>R</td><td>居住用地</td><td></td></tr>
<tr><td>C</td><td>公共设施用地</td><td>A</td><td>公共服务设施用地</td><td></td></tr>
<tr><td>M</td><td>生产设施用地</td><td>W</td><td>仓储用地</td><td></td></tr>
<tr><td>W</td><td>仓储用地</td><td>M</td><td>工矿用地</td><td></td></tr>
<tr><td>T</td><td>对外交通用地</td><td>S</td><td>道路和交通设施用地</td><td></td></tr>
<tr><td>U</td><td>工程设施用地</td><td>B</td><td>商服用地</td><td></td></tr>
<tr><td>G</td><td>绿地</td><td>需要根据实际情况进行人工判读</td><td>G</td><td>绿地与广场用地</td><td></td></tr>
<tr><td>2120</td><td>农村居民点用地</td><td>E2</td><td colspan="2">农林用地</td><td></td><td></td><td></td></tr>
<tr><td>2130</td><td>采矿用地</td><td>M3</td><td colspan="2">露天矿用地</td><td></td><td></td><td></td></tr>
<tr><td rowspan="2">2140</td><td rowspan="2">其他独立建设用地</td><td>M</td><td colspan="2">工业用地</td><td>M</td><td>工业用地</td><td rowspan="2">污染环境及其他不宜在居民点配置的各类用地</td></tr>
<tr><td>W2</td><td colspan="2">危险品仓储用地</td><td>W</td><td>仓储用地</td></tr>
</table>

续表

土地利用总体规划用地分类						对应镇规划用地分类				对应建设用地再开发规划用地分类		
一级地类		二级地类		三级地类		地类代码	地类名称			地类代码	地类名称	
地类代码	地类名称	地类代码	地类名称	地类代码	地类名称							
2000	建设用地	2200	交通水利用地			T	对外交通用地、管道运输、水域		建设用地	S	道路养护站等其他交通设施用地	
				2210	铁路用地							
				2220	公路用地	T1	公路用地					
				2230	民用机场用地							
				2240	港口码头用地							
				2250	管道运输用地							
				2260	水库水面	E1	水域					
				2270	水工建筑用地	U3	防灾设施用地					
		2300	其他建设用地	2310	风景名胜设施用地	E4	保护区	市区、镇区之外	L	风景名胜用地		
				2320	特殊用地	E7	特殊用地		P	特殊用地		
						E5	墓地					
				2330	盐田	E8	露天矿用地					
3000	其他土地	3100	水域	3110	河流水面	E1	水域					
				3120	湖泊水面							
				3130	滩涂							
		3200	自然保留地	3210	荒草地	E6	未利用地					
				3220	盐碱地							
				3230	沙地							
				3240	裸地							
				3250	其他未利用土地							

土地再开发规划地类表　　表 5-8

类别代码及名称			类别名称	内容
大类	中类	小类		
R			居住用地	居住及其附属设施用地
	R1		城镇居住用地	城镇与农村住宅及其服务设施用地
		R11	一类居住用地	设施齐全、环境良好、以低层别墅和中高层住宅为主的住宅用地及其服务设施用地，包括住宅建筑用地，居住小区级及以下附属的道路、停车场、商业、医疗、卫生、文化、体育、幼托、以居住功能为主的商住混合等用地，不包括中小学用地
		R12	二类居住用地	设施齐全、环境良好、以低层建筑为主的住宅用地及其服务设施用地，包括住宅建筑用地，居住小区级及其以下的道路、停车场、商业、医疗、卫生、文化、体育、幼托、以居住功能为主的商住混合等用地，不包括中小学用地
	R2		农村居住用地	农村范围内的住宅建设用地及其服务设施用地
		R21	一类居住用地	设施齐全、环境良好、以低层单门独栋（独院）式建筑为主的住宅用地及其服务设施用地，包括住宅建筑用地，村委级及以下的道路、小型停车场、文化、体育、商店、幼托、小游园等用地，不包括中小学用地
		R22	二类居住用地	设施齐全、环境良好、以中层楼房为主的住宅用地及其服务设施用地，包括住宅建筑用地，村委级及以下附属的道路、小型停车场、文化、体育、商店、幼托、小游园等用地，不包括中小学用地
B			商服用地	商业、商务金融、娱乐康体用地等
	B1		商业用地	商贸服务用地、集贸市场用地、餐饮用地、酒店用地等
		B11	商贸服务用地	商贸、零售、超市等用地
		B12	集贸市场用地	批发、蔬菜、水果等交易市场用地
		B13	餐饮用地	餐馆、餐厅、茶店、饮品店等用地
		B14	酒店用地	宾馆、客栈、酒店、度假村等用地
	B2		商务金融用地	银行、邮政储蓄、电信、农村信用社等用地
	B3		娱乐康体用地	娱乐、休闲、健身、疗养等用地
		B31	娱乐用地	电影院、歌舞厅、KTV、网吧等用地
		B32	康体用地	赛马场、高尔夫场、水上运动的陆域部分等用地
M			工矿用地	工业和矿业用地
	M1		工业用地	工业及其附属设施用地
		M11	一类工业用地	轻工业、高新技术产业，以及对居住和公共环境安全基本无干扰、污染和安全隐患的工业及其附属设施用地
		M12	二类工业用地	重工业以及对环境构成污染，或者影响人们居住环境的工业及其附属设施用地
	M2		采矿用地	各种露天采矿用地，包括临时宿营地及其附属设施用地

续表

类别代码及名称			类别名称	内容
大类	中类	小类		
W			仓储用地	用于物资储存的仓储及其附属设施用地
	W1		普通仓储用地	对居住和公共环境基本无干扰、污染和安全隐患的物流仓储用地，包括物资储备、中转、配送等用地，包括附属道路、停车场以及货运公司车队的站场等用地
	W2		特殊仓储用地	易燃、易爆、有毒、具有辐射性等危险品的仓储用地，其他对环境有污染的仓储用地
A			公共服务设施用地	行政管理、教育科研、医疗保健、文化体育、慈善、文物古迹、公共设施等用地
	A1		行政管理用地	党政机关、社区团体、事业单位等办公机构及其相关设施用地
	A2		教育科研用地	高等院校、中等专业学校、中学、小学、科研事业单位及其附属设施用地，包括营利性教育培训机构，为学校配建的独立地段的学生生活用地，聋、哑、盲人学校及工读学校等用地和科研事业单位用地（公益性或非营业性为主的单位用地）
	A3		医疗保健用地	医疗、保健、卫生、防疫、康复和急救设施等用地，包括街道社区级或者村部的卫生站等单独占地的医疗卫生用地；此外，还应包括卫生防疫站、专科防治所、检验中心和动物检疫站等用地，对环境有特殊要求的传染病、精神病等专科医院用地以及急救中心、血库等用地
	A4		慈善用地	为社会提供福利和慈善服务的设施及其附属设施用地，包括福利院、养老院、孤儿院等用地，含街道社区级和村庄级社会福利用地
	A5		文化体育用地	文化、体育及其附属设施用地
		A51	文化用地	综合文化活动中心、儿童活动中心、老年活动中心等设施用地，公共图书馆、纪念馆等设施用地，广播电视等用地，也包括街道社区级和村庄级单独占地的文化设施用地
		A52	体育用地	体育场馆和体育训练基地等用地，不包括学校等机构专用的体育设施用地；包括街道社区级或者村庄级单独占地的体育用地，以及为体育运动专设的训练基地用地
	A6		文物古迹用地	具有保护价值的古遗址、古墓葬、古建筑、石窟寺、近代代表性建筑、革命纪念建筑等用地，不包括已作其他用途的文物古迹用地
	A7		公共设施用地	供应设施、环境设施、安全设施等用地
		A71	供应设施用地	供水、供气、供暖、供电、通信及其附属设施用地
		A72	环境设施用地	排水设施、污水处理、固体废弃物处理、垃圾处理、公共厕所等用地
		A73	安全设施用地	消防、防洪等保卫城市安全的公用设施及其附属设施用地，人防设施用地，以及除以上之外的公用设施用地，包括施工、养护、维修等设施用地

续表

类别代码及名称			类别名称	内容
大类	中类	小类		
S			道路和交通设施用地	道路、站点及其附属设施用地
	S1		道路用地	公路、铁路路面用地，不包括小区级及其以下的道路用地
	S2		站点用地	铁路客货运站、公路长途客运站、港口客运码头；交通服务设施用地，不包括交通指挥中心、交通队用地；市轨道交通车辆基地及附属设施，公共汽（电）车首末站、停车场（库）、保养场，出租汽车场站设施等用地，以及轮渡、缆车、索道等的地面部分及其附属设施用地；独立地段的公共停车场和停车库用地，不包括其他各类用地配建的停车场和停车库用地
	S3		其他交通设施用地	道路养护站、收费站等其他交通设施用地
G			绿地与广场用地	绿化用地及广场用地
	G1		公园绿地	向公众开放，以游憩为主要功能，兼具生态、美化、防灾等作用的绿地，如综合公园和街道公园等
	G2		防护绿地	具有卫生、隔离和安全防护功能的绿地
	G3		广场用地	以游憩、纪念、健身、集会和避险等功能为主的城市公共活动场地和村庄文化广场
P			风景名胜用地	具有人文、自然等特征的景区、景点用地及其附属设施用地
L			特殊用地	外事、宗教、军事、监狱、看守所、劳改场所、戒毒所等用地

5.2.3 土地再开发规划空间三维模拟

1. 传统二维建模的不足

（1）时效性和可视性不强

目前我国的土地规划和城市设计主要是基于二维平面展开，在二维图纸上规划设计完成之后再进行针对性极强的三维建模以展示效果。由于在规划和设计时没有一个直观的可视化的三维效果，设计方案在评价时往往达不到最理想的效果。

（2）建模过程复杂，效率低、成本高

如果要对某个区域的全部建筑进行建模，则会工作量巨大、任务繁重，很难完成。虽然传统建模对于单栋建筑可以做到十分逼真，但是要大规模、批量建模时，却显力不从心。

（3）模型的应用单一

传统建模主要是设计方案的展示，群众参与性不高，未能在城乡信息化管理和规划中起到重要的作用。

（4）主要集中在城市，对于农村的建模较少尝试

当前，随着我国经济社会的快速发展和城镇化进程的不断推进，社会主义新农村建设也正如火如荼地展开。广东省在 2008 年率先提出“旧城镇、旧厂房、旧村庄”（三旧）的再开发。在农村的再开发、规划和建设过程中，用三维虚拟的方式全方位地展示村容村貌，用信息化技术管理村情数据并指导农村的再开发变得很有必要。然而目前三维建模的应用范围主要集中在城市，对于农村的建模较少尝试。

2. 三维技术应用研究进展

目前国内对城市三维建模及可视化已有一定的研究和应用。刘增良、杨军、张保钢探讨了目前主流的三维建模技术方法，并且在实际的三维规划中对各类三维建模技术进行了综合应用。阎凤霞、张明灯比较了常用的几种三维建模方法，提出三维数字城市构建和实现方法，但是需要几种方法联合使用，复杂度高、可操作性不强[197]。冉磊、高磊、张宇琳等进一步论述了三维数字城市建立的路线、技术流程及数据处理过程，最后探讨了数据更新和维护及三维数字城市技术在城市规划中的应用[198]。王法以奉化市为例，对城市三维仿真建模的基本技术路线和方法进行探讨与研究，为三维地形、模型在城乡规划中的应用提供了方法[199]。在三维建模方法中，应用最多的是基于 3DGIS 系统。单楠等采用 Sketch Up 和 ArcGIS 相结合的方法进行了三维 GIS 的开发，并在小区三维可视化管理系统中进行了应用[200]；吴学强、孙建刚、李想将 ESRI CityEngine 用于大庆石油储库的场景建模中，提出基于规则的建模平台，使用者只需要改变模型的参数就可以创造出更多的模型或者不同的设计方案。周靖斐等比较了常用的建模软件，最后以 Sketch Up 实现了建筑物的三维建模，并利用其与 ArcGIS 软件的接口，将其植入 ArcGIS 系统中，构建规模化的城市建筑的三维数字化应用模块，实现 3D 浏览和应用[201]。刘兴权等探讨了基于 ArcGIS Engine 组件实现地物建模和可视化，其中，普通建筑采用切片组合的方式，重要地物仍然需采用 3ds Max 等软件[202]。此外，国内也有学者对基于 CityEngine 的建模技术进行了研究，吕永来等对 CGA 建模特点进行了分析，并以简单模型为例，简要阐述了建模的基本流程[203]。

从国内目前三维技术在地学中的研究和应用现状可以看出，已有不少学者对三维技术的应用进行了研究，并用建模软件以及 ArcGIS Engine 的 3D 组件实现了三维模型的构建，但是其构建思路重在理论，实践性不佳，并且建模效率较低、效果较差。也有一些学者注意到了基于 CityEngine 的参数化建模方法，并进行了讨论，但是其仍主要局限在理论分析，未能充分与地理数据结合，实现大规模、大面积建模。

在地学领域，三维建模方法在国外有新的研究和发展，如对于某些特殊地域和地

形，就借助声呐、卫星等手段进行三维建模。例如，Castellani 等研究使用声学照相机系统获取水下地形的三维数据来实时生成水下地形和环境模型[204]。

3.CityEngine 三维建模原理和方法

三维建模通俗来说就是利用三维制作软件通过虚拟三维空间构建出具有三维数据的模型。

常用的三维建模实现方法有：

①通过建模软件直接进行建模，不依赖于其他数据源。

②利用传统 GIS 数据（shp、GDB 等）或二维线面规划数据及其相应的高程属性进行三维建模。

③应用数字丈量技术进行三维建模。

常用的建模软件有 3ds Max、Maya、Sketch Up、CityEngine 等，其主要特点对比结果如表 5-9 所示。

主流建模软件对比　　表 5-9

建模软件	操作性	计算机配置要求	模型精度	建模效率	模型可调节性	大规模建模能力	与地理数据结合度
3ds Max	较复杂	中	较高	低	低	低	低
Maya	复杂	高	高	低	低	低	低
Sketch Up	简单	低	低	中	中	低	中
CityEngine	较复杂	高	中	高	高	高	高

为此，本研究建议城镇土地再开发规划空间三维模拟采用 CityEngine 软件。Esri CityEngine 可以利用二维数据快速创建三维场景，并能高效地进行规划设计。而且其对 ArcGIS 的完美支持使很多已有的基础 GIS 数据无须转换即可迅速实现三维建模，降低了系统再投资的成本，也缩短了三维 GIS 系统的建设周期。

（1）模拟原理

基于规则批量建模。规则定义了一系列的几何和纹理特征，决定了模型如何生成。基于规则的建模的思想是定义规则，反复优化设计，以创造更多的细节。如图 5-1 所示，说明了规则推导的过程：左侧是最初的图形，右侧是最终生成的模型。

图 5-1　模拟原理

当有大量的模型创造和设计时，基于规则建模可以节省大量的时间和成本。最初，它需要更多时间来写规则文件，但一旦做到这一点，创造更多的模型或不同的设计方案则比传统的手工建模更快，如图 5-2 所示。

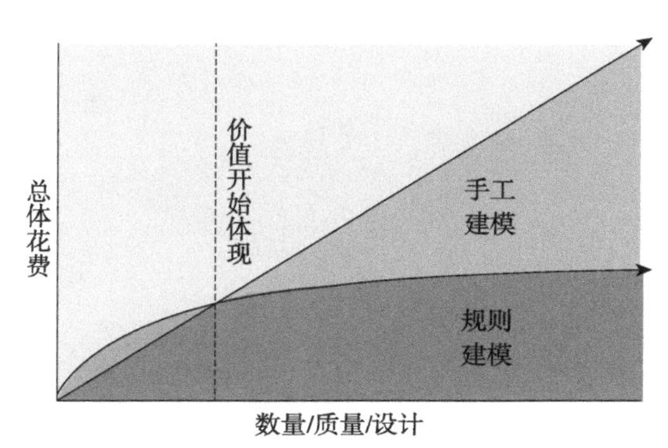

图 5-2 两种建模比较

（2）基于 CityEngine 建模的方法和特点

CityEngine 作为建模软件的新成员，不仅可以利用二维数据快速创建场景，还能高效地进行规划设计，而且完全支持 ArcGIS，这使得大量的 GIS 数据在不需要转换的情况下便可直接使用。利用 GIS 数据进行基于 CGA（Computer Generated Architecture）的批量建模是将 CGA 的规则性和参数性与地块信息结合起来，通过楼高、层数、门高等参数来确定模型生成的形式，并且随时可以调节这些参数以达到灵活建模的目的。

下面以一个地块的简单建模来阐述 CGA 建模的基本思想。

①定义建筑物的属性。

对于规则的单体建筑，定义楼高、层数、窗宽等建筑物属性，可方便随时对建筑属性进行调整。其语法如下：

定义楼高属性

attr Height = 10

定义底层高度

attr GroundFloor_Height = 4

定义每层高度属性

attr Floor_Height = 3

定义窗间距属性

attr Tile_Width = 3

②建筑物的创建。

定义了这些基本的建筑物属性之后就可以开始三维模型的创建（图 5-3、图 5-4）。其基本语法如下：

Lot -->

extrude（Height）

Building

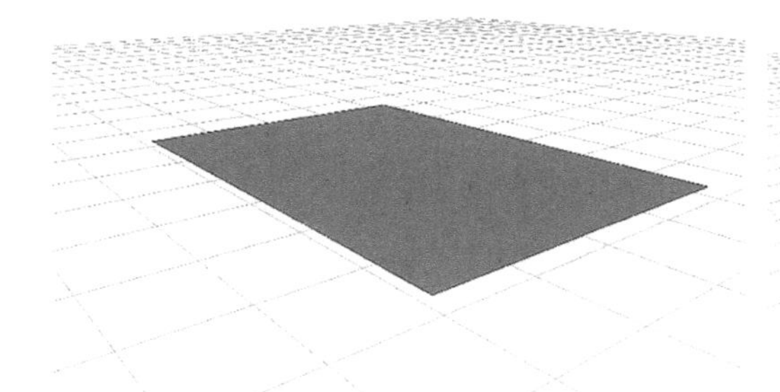
图 5-3　原始地块

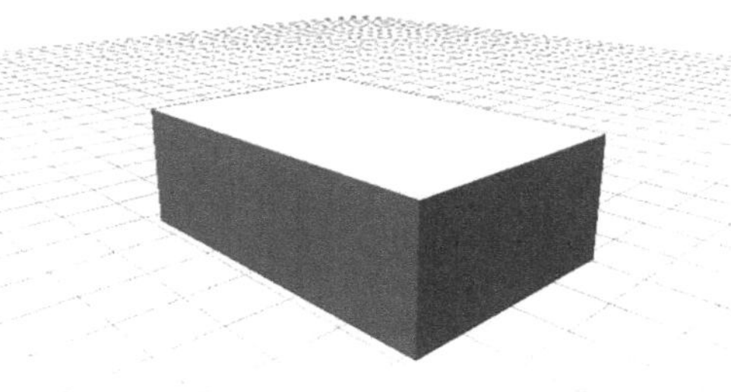
图 5-4　进行拉伸操作

即把该地块拉伸至属性 Height 这么高，并将其命名为 Building。

③整体建筑物的分割。

将整栋建筑分为前面、左右和屋顶，以便后面分别对它们进行操作。其语法如下：

```
Building -->
  comp（f）
   { front ：FrontFacade
   | side ：SideFacade
   | top ：Roof
   }
```

④楼层和窗体的建立。

根据相关属性，分别对各墙面进行门、窗、墙的分割（图 5-5、图 5-6）。其核心语法如下：

前墙面划分为底层和上层

```
FrontFacade -->
  split（y）
   { GroundFloor_Height：GroundFloor
   | {Floor_Height：Floor}*
   }
```

划分门和窗

```
GroundFloor -->
  split（x）
   { ~1：Wall
   | {Tile_Width：Tile}*
   | 3 ：Door
```

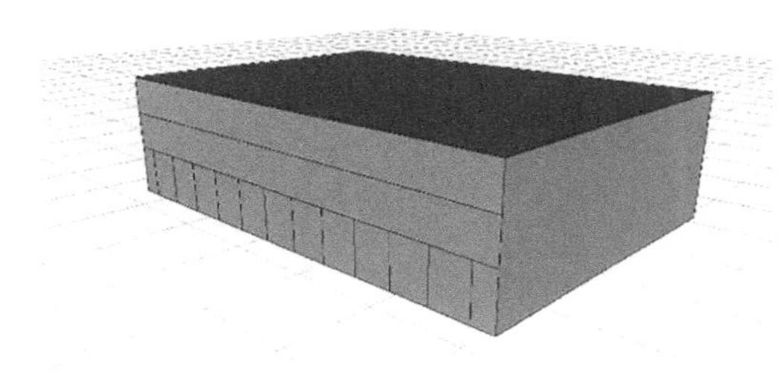

图 5-5　划分底层

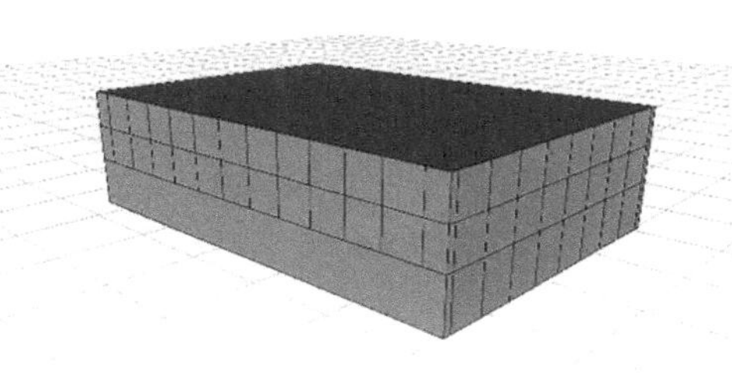

图 5-6　划分墙体

```
  | ~1：Wall
  }
Tile -->
 split（x）
  {~1 : Wall
  | 2 : split（y）
     {1：Wall
     | 1.5：Window
     | ~1：Wall}
  | ~1 : Wall
  }
```

⑤贴图。

当整栋楼的所有单元都划分完毕后，就可以对各部分分别进行纹理贴图（图 5-7、图 5-8）。其核心语法如下。

对墙面进行纹理贴图

```
Wall -->
setupProjection（0，scope.xy，'1.8/scope.sx，'1.8/scope.sy，1）
texture（"House/wall/wall1.jpg"）
projectUV（0）
```

对门进行纹理贴图

```
Door -->
 setupProjection（0，scope.xy，'1,' 1，1）
```

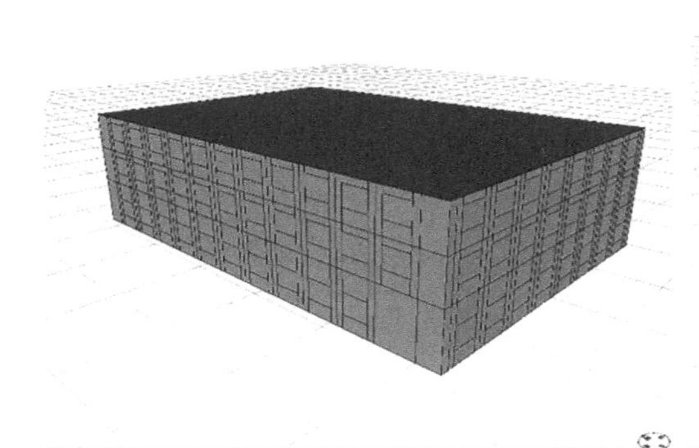

图 5-7　未贴图

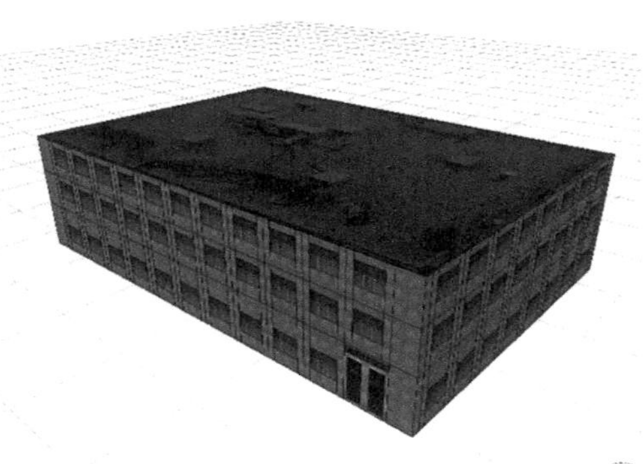

图 5-8　已贴图

texture（“House/door/door1.jpg”）

projectUV（0）

对窗进行纹理贴图

Window -->

setupProjection（0，scope.xy，‘1，’ 1，1）

texture（“House/window/win1.jpg”）

projectUV（0）

对屋顶进行纹理贴图

Roof -->

setupProjection（0，scope.xy，‘1，’ 1，1）

texture（“House/roof/roof1.jpg”）

projectUV（0）

由于其参数化的特性，更改参数模型会随参数改变而改变（图 5-9、图 5-10）。

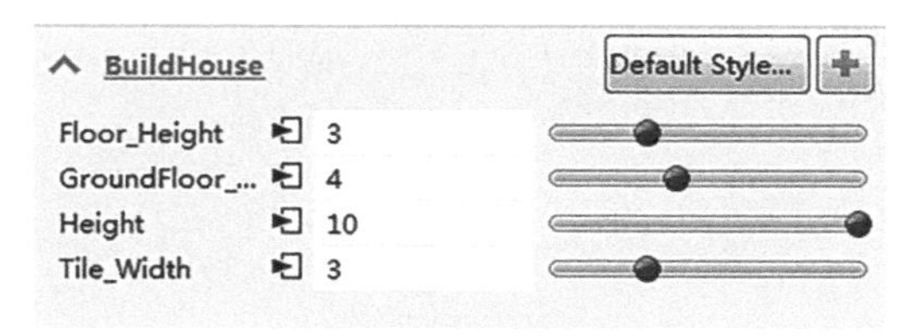

图 5-9　模型参数

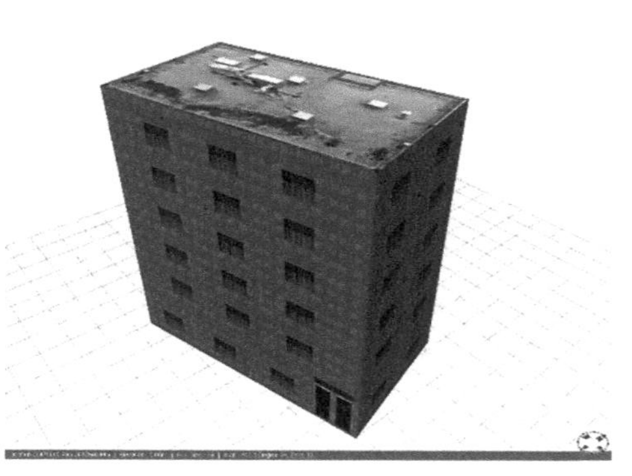

图 5-10　调节参数后的模型

⑥批量生成。

最后根据各地块的自带属性或者规划需要，按相应的规则生成模型，即可大规模、大批量地完成建模（图 5-11）。

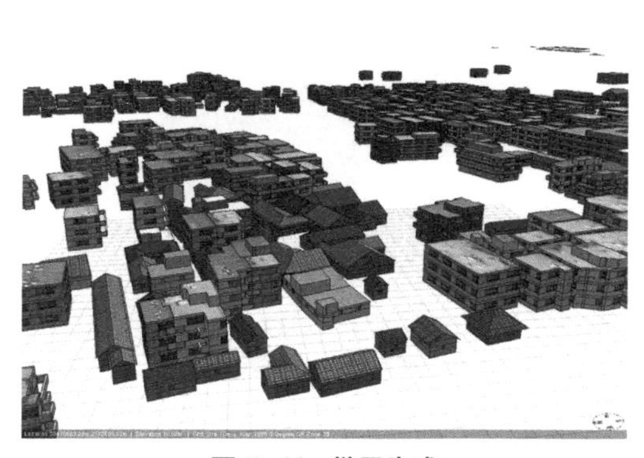

图 5-11 批量生成

在 CityEngine 中建模的核心就是建模语言，其中存在着大量的指示具体操作的语法。比较常用和重要的有：

extrude（Height）表示将一个地块拉伸，拉伸高度为自定义的参数 Height。

split（x/y）表示在水平或者竖直方向上对模型进行分割。

s（'x,' y,' z）表示将模型进行放大或者缩小。

t（'x,' y,' z）表示将模型进行移位。

⑦建模步骤。

在建模过程中，同样应当遵循一定的建模顺序（图 5-12）。

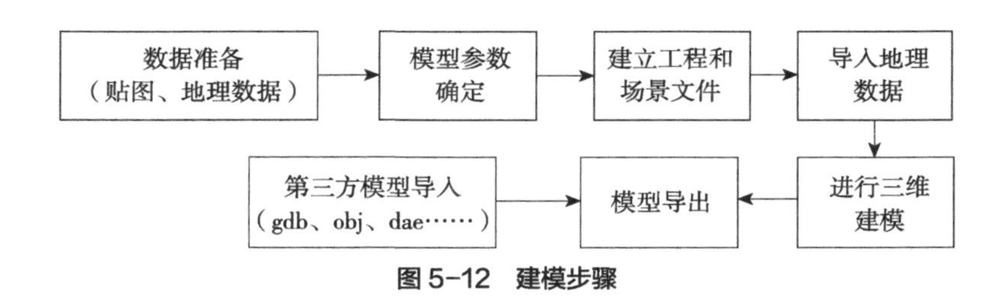

图 5-12 建模步骤

（3）CityEngine 三维模拟结果

确定建模的分类方法之后，将 DEM 数据和影像图导入 CityEngine 中，作为 Terrain。再将地块的 ShapeFile 数据导入，将 DEM 的高程信息赋予地块，使其具有高程信息。最后对建筑地块用 CGA 语言进行建模（图 5-13~ 图 5-16）。生成模型的属性严格地与对应地块的属性信息相关联（图 5-17、图 5-18）。一个建筑模型的生成过程受到“建筑高度”“建筑年代”“建筑结构”“建筑样式”四个因素制约，即特定的建筑高度、年代、结构和样式只能生成特定的一种模型。

由于 CityEngine 特有的参数化建模的特性，在建模时赋予模型的参数都可以随时调节，并且模型会同步更改。因此，模型具有非常大的灵活性、可调节性和重用性，不论是现状展示还是规划设计构想或模拟未来发展，都可以在短时间内高效、迅

图 5–13　三维场景一

图 5–14　三维场景二

图 5–15　三维场景三

图 5–16　三维场景四

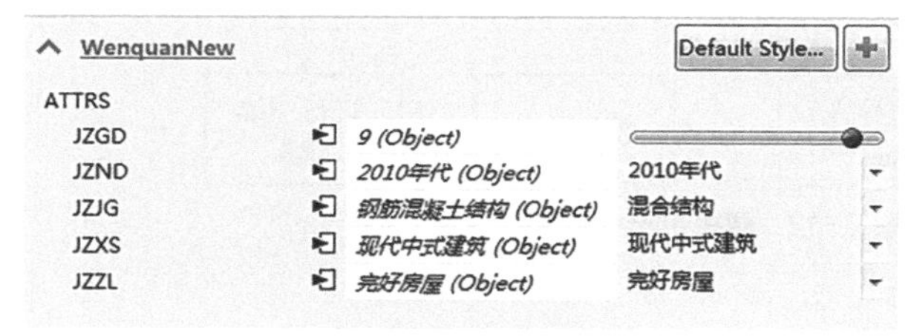

图 5–17　模型属性

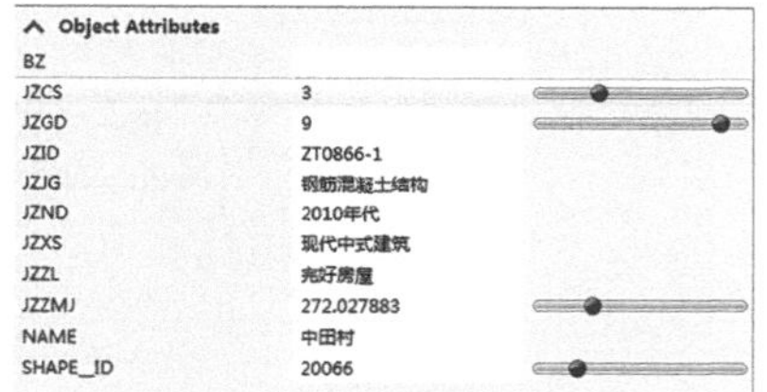

图 5–18　地块属性

速地调整相应的参数生成所需模型。例如，图 5–19 为按照地块默认的属性字段生成的建筑三维模型，若调整“建筑年代”为“2010 年代”，“建筑样式”为“现在中式结构”，“建筑结构”为“钢筋混凝土结构”，“建筑高度”为 20~100m 随机生成，则参数调整完后，模型迅速根据新的参数生成新的模型（图 5–20）。

三维模型建立完成之后，以村为单位将所有模型以 GDB 的格式导出。精细建模贴图如图 5–21 所示。

图 5-19　默认属性字段生成的模型

图 5-20　修改属性字段后生成的模型

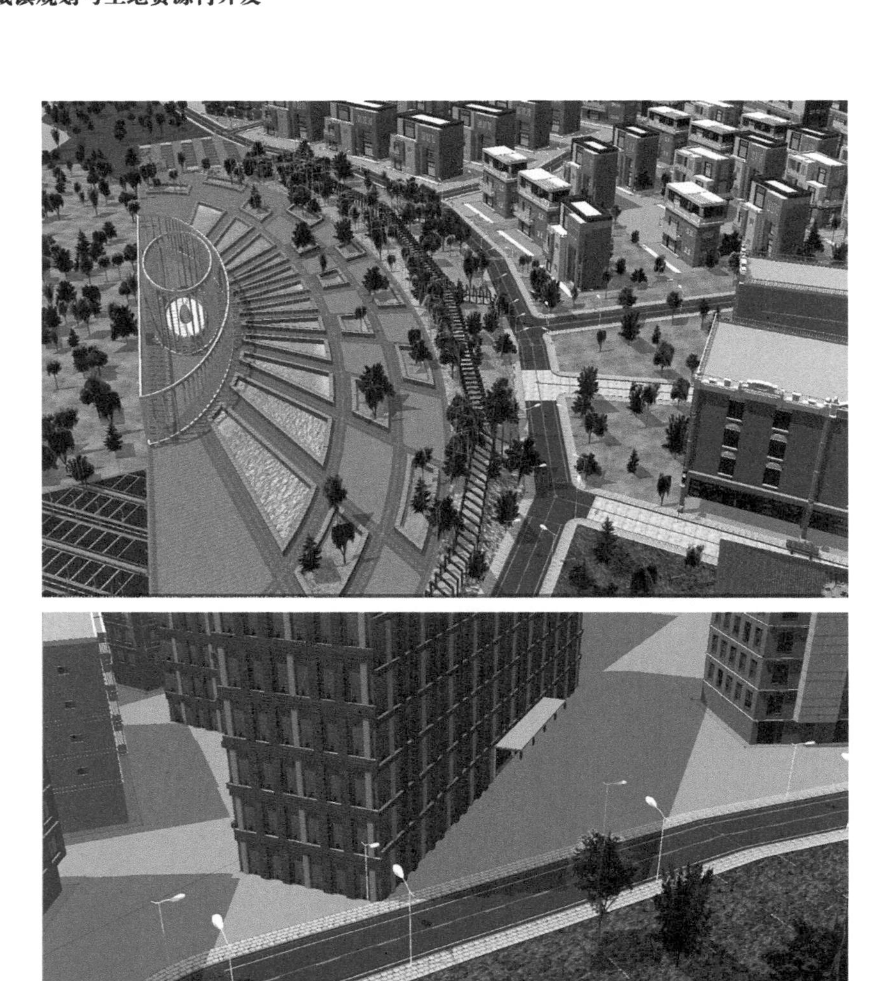

图 5-21　三维模拟结果图

第 6 章
以东莞市为研究区域的实证

6.1 研究区域概况

6.1.1 城市概况

东莞市位于广东省中南部，珠江口东岸，北与广州市相邻，南与深圳市相接，毗邻港澳，是粤港澳大湾区的重要组成部分。全市陆地面积 2460km^2，海域面积 97km^2，下辖 4 个街道、28 个镇，领导 248 个社区、350 个村。2016 年年末，东莞市共有户籍人口 200.94 万，常住人口 826.14 万，其中城镇常住人口 736.42 万，人口城镇化率为 89.14% [205]。

东莞市是我国的经济强市、制造名城。2016 年，东莞市的经济总量在全国大中城市中排名第 21 位。根据中国社会科学院与联合国人居署联合发布的报告，2017 年东莞城市竞争力排全球第 154 位、全国第 10 位（含港、澳、台地区）、广东省第 3 位。同时，随着经济的快速发展，东莞市的城市影响力也在不断提升。近年来，东莞市先后实现全国文明城市“三连冠”、全国双拥模范城“八连冠”，蝉联全国创新社会治理优秀城市、全国社会治安综合治理优秀市，荣获全国质量强市示范城市、国家知识产权示范城市、国家电子商务示范城市、国家森林城市、国家节能减排财政政策综合示范城市、国家公共文化服务体系示范区等称号 [206]。

6.1.2 基本经济概况

据《2016 年东莞市国民经济和社会发展统计公报》数据，2016 年，东莞市地区生产总值为 6827.67 亿元，比上年增长 8.1%。其中，第一产业增加值为 22.80 亿元，

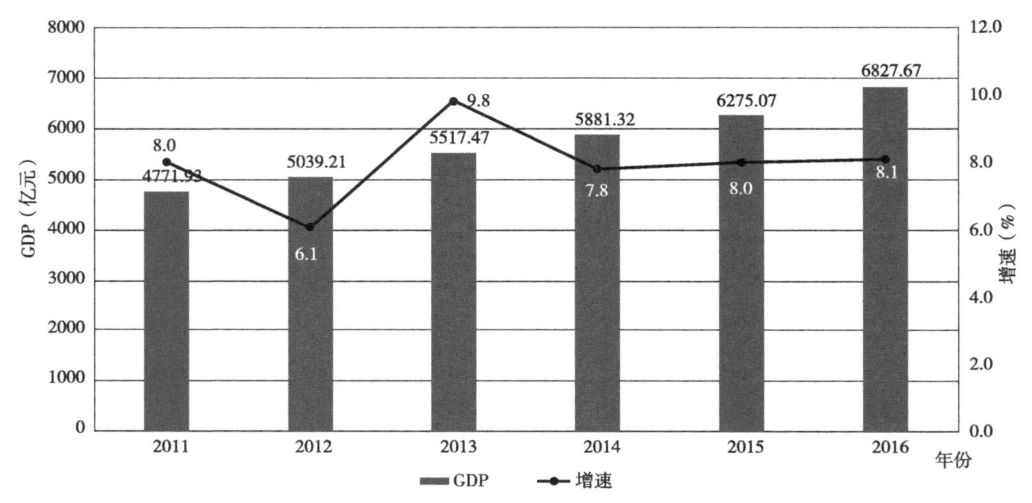

图 6-1　2011~2016 年东莞市地区生产总值及增速

下降 0.3%；第二产业增加值为 3172.50 亿元，增长 7.2%；第三产业增加值为 3632.37 亿元，增长 8.9%（图 6-1）。三产比例为 0.3 ∶ 46.5 ∶ 53.2。人均地区生产总值 82682 元，比上年增长 8.6%。

目前，东莞市拥有五大支柱产业、四个特色产业①。2016 年，全市规模以上工业五大支柱产业完成增加值 1952.24 亿元，增长 8.5%；四个特色产业完成增加值 281.47 亿元，增长 0.3%。同时，近年来东莞市创新型经济发展也取得了一定成就。2016 年，东莞市拥有国家高新技术企业 1500 家，省级创新科研团队 26 个，新型研发机构 32 个，科技孵化器 48 个，博士后科研工作平台 68 个。机器人及智能装备、电子商务、现代物流、文化创意等产业成为东莞市经济发展中的新亮点。

6.2　东莞市土地利用现状及主要存在的问题

2016 年，东莞市现状建设用地已达 $1182km^2$，占市域总面积的 48%，土地开发强度远超国际生态宜居警戒线（30%），直逼 50% 的开发极限。若按开发极限 $1232km^2$ 值计算，东莞可增量建设用地规模仅剩 $50km^2$，按近 10 年平均开发速度，仅够用两年

① 五大支柱产业包括电子信息制造业、电气机械及设备制造业（包括电气机械及器材制造业，仪器仪表制造业，通用设备制造业，专用设备制造业，铁路、船舶、航空航天和其他运输设备制造业以及汽车制造业）、纺织服装鞋帽制造业（包括纺织业，纺织服装、服饰制造业，皮革、毛皮、羽毛及其制品和制鞋业）、食品饮料加工制造业（包括食品制造业，酒、饮料和精制茶制造业，农副产品加工业）、造纸及纸制品业。
四个特色产业包括玩具及文体用品制造业、家具制造业、化工制品制造业（包括化学原料及化学制品制造业、石油加工、炼焦业及核燃业）、包装印刷业。

2010~2016 年东莞市土地利用状况（单位：km^2） 表 6-1

年份	农用地	建设用地	未利用地
2010 年	1086	1066	313
2011 年	1078	1080	307
2012 年	1064	1105	291
2013 年	1060	1110	290
2014 年	1045	1139	276
2015 年	1038	1152	270
2016 年	1018	1182	260

数据来源：广东省国土资源年鉴（2011–2016 卷）

（表 6–1）。同时，增量空间分布零散，成规模的增量用地主要分布在四大园区和粤海产业园。资源枯竭、环境恶化、产城分离、人地矛盾成为制约东莞进一步提高城市竞争力，甚至威胁城市可持续发展的掣肘。

全市现状城镇村及工矿用地面积为 1070km^2，规模巨大。从产出效益来看，东莞工业用地的地均产出分别仅为深圳、广州的 26%、32%，效益极低，工业用地二次开发潜力巨大。从空间分布来看，存量用地已形成连片蔓延的空间格局，具有与增量用地资源形成连片开发的潜力（图 6–2~ 图 6–4）。

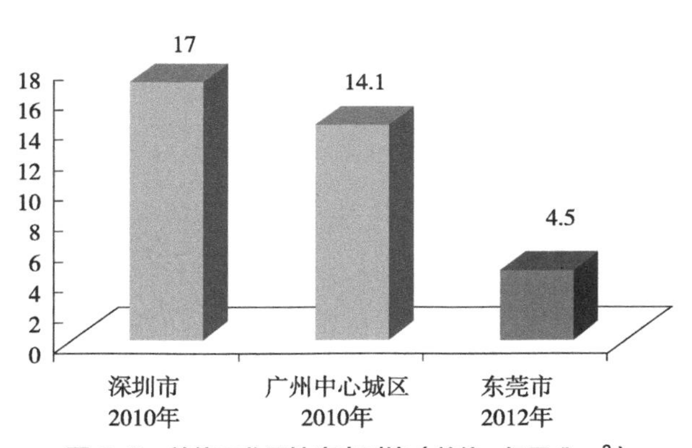

图 6–2 单位工业用地产出对比（单位：亿元 /km^2）

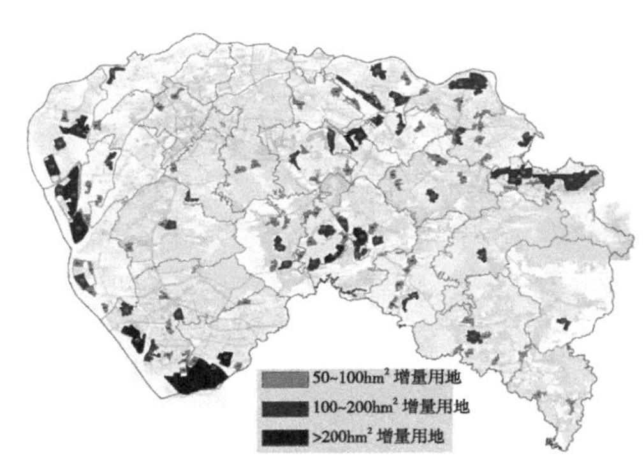

图 6–3 2010 年东莞市增量用地空间分布图

图片来源：粤 SS（2023）015 号

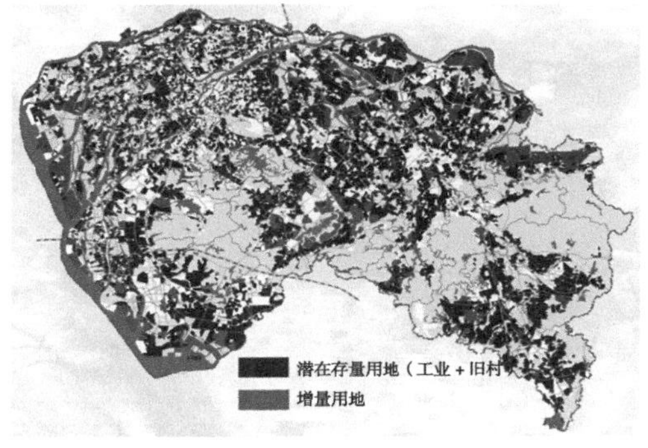

图 6–4 潜在存量用地与新增用地分布关系图

图片来源：粤 SS（2023）015 号

6.3 东莞市过往土地再开发的问题及原因分析

6.3.1 东莞市过往土地再开发的问题

1. 改造规模大

申报的“三旧”改造用地约 183km²，占现状建设用地的 17%，改造规模位居全省第三。截至 2014 年，已落实项目并获审批的改造方案 415 宗，面积 21km²；计划投资金额 1427 亿元，其中 1/3 项目正在拆建，已投入金额约 163 亿元。包括东城万达广场、厚街万达广场、长安万科中心等大型地标性城市综合体项目，凤岗益田大运城邦、东城格兰名筑等楼盘，南城南方物流电商综合项目、万江铭丰包装印刷制造基地等产业类项目（图 6-5、图 6-6）。

2. 改造项目较零散，未形成连片改造

“三旧”改造就地块论地块，缺乏连片开发思路和上层次的统筹部署。一是改造地块划定方式“自下而上”，市确定划定原则，但并不在空间上予以指引；镇街根据地

凤岗益田大运城邦

东城万达广场

图 6-5 已实施“三旧”改造项目

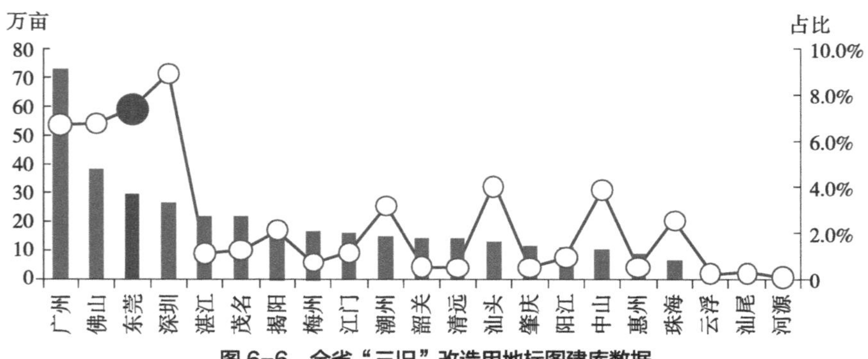

图 6-6 全省“三旧”改造用地标图建库数据

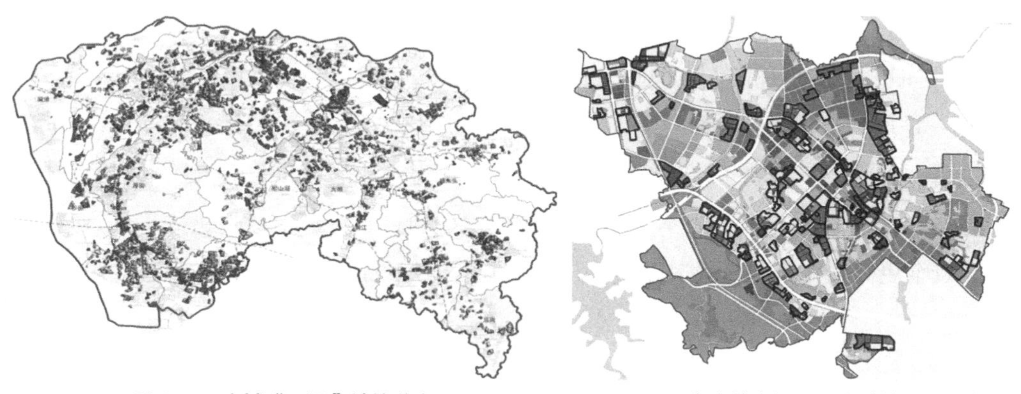

图 6-7 市域“三旧”地块分布
图片来源：粤 SS（2023）015 号

图 6-8 寮步镇申报需要改造的项目分布
图片来源：粤 SS（2023）015 号

方诉求、改造条件、发展潜力划定“三旧”地块并上报，经平衡调整形成全市“三旧”改造用地的标图建库。二是规划体系“自下而上”，镇街先行编制镇街“三旧”改造专项规划，经汇总、调整后形成全市“三旧”改造专项规划（图 6-7、图 6-8）。由于“三旧”地块划分及专项规划相对分散化，缺乏地块整合与战略部署，因此难以引进大企业、大项目。

3. 空间品质改善不明显

大量改造项目提出高容积率、高强度开发的诉求，出现大量改造后居住地块净容积率在 4~6 的项目，开发强度远超《东莞市城市规划管理技术规定》的要求①。如此高强度的开发诉求，将很难营造出舒适、宜人的空间尺度。

例如，南城宏远电厂改造项目，由工厂改造为房地产，居住用地容积率 4.3，将建成 3 栋高 150m 的超高层住宅楼和 2 栋高 100m 的住宅楼；寮步牛杨片区改造，由工厂改造为房地产，拆建比 1：6，居住用地容积率 4.2。高强度开发下，容易出现有压迫感的空间。

4. 公共服务提升慢

结合自身的发展特征、管理特点，东莞市规定所有改造项目需符合“拆三留一，公共优先”的规定。“拆三留一，公共优先”，即按拆迁用地面积计算，预留比例不低于 1/3 的用地，作为道路、市政、教育、医疗、绿化、其他开敞空间等公共用途。但在实施过程中，却出现只见小区不见公共设施的现象。至今，通过“三旧”改造新增的休闲设施、体育设施、学校仍极少，而且出现了不少类似横沥中学、桥头中学、麻涌中学、塘厦医院、清溪医院要求改造为房地产的诉求。

---

① 《东莞市城市规划管理技术规定》规定居住用地容积率控制在 2.5 以下，商住用地容积率控制在 3.0 以下。

5. 对产业发展空间的支撑不足

“三旧”用地虽规模大，但缺乏统筹、无序改造，难以为重大项目提供用地。

一是原有产业用地被挤占，上报改造项目中 73km^2 为工改商（居）。改造全部完成后，东莞将有 14% 的产业用地消失；已批改为产业的项目仅占 6%，改为房地产的却高达 94%（图 6–9）。此外，许多企业也试图通过自有厂房改造进入房地产行业，社会资金更倾向于工业区尤其是大型厂区、园区向房地产改造。

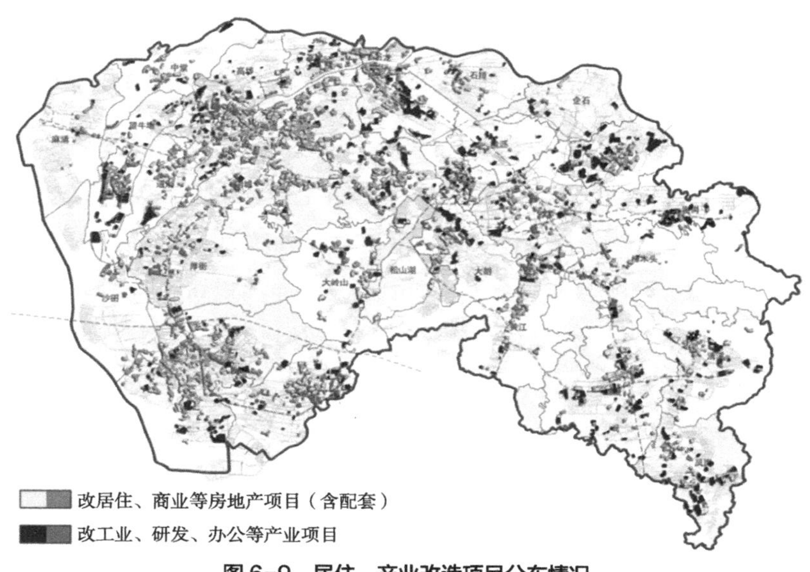

图 6–9　居住、产业改造项目分布情况

图片来源：粤 SS（2023）015 号

二是无法为新产业提供空间载体。东莞缺乏土地整备计划，零星的“三旧”改造无法提供连片用地，重大项目主要向新增用地要空间，甚至挤占生态空间。2014 年，全市产业类重大项目 48 项，用地指标计划全部通过增量用地解决。

6.3.2　原因解析

东莞“三旧”改造“量大无成效”，其根源在于制度体系的不完善。具体体现在以下几个方面。

1. 运动式改造，缺乏统筹谋划

由于缺乏市域统筹的规划与调控措施，为抢抓政策机遇，各部门管控全面放松，造成运动式推进“三旧”改造。一方面，在缺乏规划指引的情况下，镇街上报了大量不具备改造条件、不符合市场需求的改造项目，而部分项目只是为了补办产权；另一方面，当时各部门管控放松，让市场产生错误预期，认为任何性质、任何位置的项目都可以改造，现有规划可以结合改造意愿进行调整。直至 2013 年，“三旧”政策确定转变为长期有效，补办产权与改造才得以分开对待，运动式改造才得以放缓。

2. 混乱的政策导向，改造行为失去控制

工改居（商）可协议出让，改造门槛过低。东莞定位为制造名城，产业是发展的根基，东莞市政府寄希望于通过“三旧”改造为产业发展提供空间，但是由于东莞实行工改居（商）可协议出让政策，降低了房地产进入门槛，导致大量实体企业通过自有厂房改造进入房地产行业，改造遍地开花、见缝插针。因追求短期利益，市场向“工改居”“工改商”方向集中，而导致改造难度大、需求迫切的旧城镇、旧村庄无人问津，利润空间相对较小的“工改工”则停滞不前。

政府过度让利，形成错误导向。市政府大幅度让利改造收入，土地出让金返还成为预算外收入的主要途径，导致地方政府放任市场进行零星改造。“工改居”“工改商”项目中镇、村获得的土地出让收益达到 80%~90%，其中，镇可获 40%~50% 的土地出让金返还，村可获 40% 的土地出让金返还，因此镇政府愿意产权人自行改造为房地产和商业用房，村集体也希望把厂房改造为房地产和商业用房。

据统计，2011~2012 年，东莞全市 13 个改造项目为镇、村两级带来土地出让及税费返还收益高达 33.07 亿元。其中，10 个镇街共取得 31.7 亿元，平均每个镇的返还收入超过 3 亿元。在加工贸易转型、用地指标偏紧的情况下，“工改商”“工改居”返还收入成为地方政府获取预算外收入的主要途径。

3. 零星式改造，连片改造动力消失

现有“三旧”改造制度未限定改造区域，允许零星式改造，导致易改先改、难改搁置、见缝插针的现象，破坏了进行统筹运营、连片改造的存量资源基础，政府未来进行连片改造难度增大。

6.4 东莞市土地再开发潜力预测

6.4.1 存量用地再开发总规模预测

1. 新增建设用地需求规模预测

从经济增长与建设用地扩张关系的角度，预测未来东莞市新增建设用地需求规模。“十一五”期间，全市城乡建设用地规模年均扩张 45.41km^2，GDP 年均增长率为 13.3%，则平均每个百分点的 GDP 增长率需要 3.41km^2 新增建设用地作支撑。2010~2015 年，全市城乡建设用地规模年均扩张 34.28km^2，GDP 年均增长率为 8.9%，则平均每个百分点的 GDP 增长率需要 2.89km^2 新增建设用地作支撑。综上所述，

2005~2016年，东莞市每一个百分点的经济增量需要2.2~3.7km^{2}的新增建设用地作为支撑，年均新增建设用地规模约31.1km^2（表6–2、表6–3）。

各年份东莞市经济总量与建设用地规模情况　　表6–2

年份	全市GDP（亿元）	城乡建设用地规模（km^2）
2005年	2183.2	839.6
2010年	4246.5	1066.7
2015年	6275.1	1152
2016年	6827.7	1182

数据来源：2005~2016年东莞市统计公报、广东省国土资源年鉴（2011—2016卷）

“十一五”以来东莞市经济增长与建设用地规模增长关系　　表6–3

阶段	年均GDP增长率（%）	年均增量建设用地规模（km^2）	单位GDP增长率所需增量建设用地（km^2）
“十一五”期间	13.3	45.4	3.41
“十二五”期间	7.9	17.2	2.18
2015~2016年	8.1	30.0	3.70

数据来源：2005~2016年东莞市统计公报、广东省国土资源年鉴（2011—2016卷）

结合东莞“十三五”规划目标，并预计保持平稳增长的经济发展趋势（暂不考虑经济转型发展带来的“拐点”式经济增长），预测2016~2020年，东莞市GDP年均增长率为8%；2021~2030年，GDP年均增长率为7.5%；单位GDP增长率所需新增建设用地规模呈下降趋势。则新增建设用地需求规模预测如表6–4所示。

规划期新增建设用地需求规模预测　　表6–4

阶段	年均GDP增长率（%）	单位GDP增长率所需新增建设用地（km^2）	年均新增建设用地需求（km^2）	新增建设用地需求（km^2）
2006~2010年	13.3	3.4	45.4	227.07
2011~2015年	7.9	2.2	17.2	86.00
2015~2016年	8.1	3.7	30.0	30.00
预测：2016~2020年	8.0	2.6	20.8	104.00
预测：2021~2030年	7.5	2.2	16.5	165.00
2016~2030年	—			269.00

综上所述，为保持经济平稳增长，预测到2030年，全市共需新增建设用地规模为269km^2，年均约17.9km^2。其中，2016~2020年，需新增建设用地规模约104km^2，年均约20.8km^2；2021~2030年，需新增建设用地规模约165km^2，年均约16.5km^2。

2. 存量用地再开发规模测算

（1）增量用地规模控制

上位要求：东莞每年新增开发量与使用存量比例不低于40%。2014年，广东省委发布的《广东省委、省人民政府关于促进新型城镇化发展的意见》中明确要求，要“建立存量建设用地二次开发倒逼机制，广州、深圳每年新增开发量、使用存量比例不低于60%，珠三角其他市不低于40%”。未来每年新增开发量必须满足40%来源于存量用地的二次开发。

土地利用总体规划控制：2014~2020年，东莞建设用地规模不超过1176.8km^2，则增量建设用地规模仅剩7.3km^2。

城市总体规划控制：2021~2030年，东莞建设用地规模与土地利用总体规划2020年建设用地规模保持一致，即1176.8km^2，增量建设用地规模为0。

（2）存量用地二次开发规模

根据经济增长与建设用地开发规模的关系，以及增量用地规模控制的要求，为实现经济平稳增长，2015~2030年，全市新增开发量应使用存量用地的总规模约267.7km^2，年均约16.8km^2。

6.4.2 潜在更新用地识别与引导

城市更新是一个涵盖新旧村落、历史街区、商业区、仓储区、居住区及工业区，具有不同特征和不同改造对象类型的系统工程。虽然对象类型复杂众多，但主要的更新对象基本集中在“村落、旧工业区、旧城镇混合区”三大类型，且其各自不同的改造需求和动因决定了对改造方式的选择倾向。本研究以土地利用现状调查为基础，重点梳理居住区、工业区、旧城镇三类用地空间，判断城市更新主要的潜在更新用地。

1. 居住用地梳理

2014年，东莞市现状居住用地约312km^2，根据建筑形态、土地权属，可划分为楼盘、新村、旧村三类（表6-5）。

楼盘：指现代化的居住小区（包括别墅），以商业楼盘为主，建筑形态较新，占地52.9km^2。

新村：指具有一定规划的村民住宅，普遍在3层以上，形态规整，环境较好，多为20世纪90年代以后建设的村居，占地153.6km^2。

旧村：指村居住环境较差、建筑形态低矮、市政及配套设施落后，多为 20 世纪 90 年代以前建成的建筑，占地 105.7km^2。

其中，新旧村落中有具有保护价值的特色村落，包括历史文化名村、省级古村落、集中成片的古村落、东莞名村建设试点、水乡特色村落等。共涉及 21 个镇街、49 个村落或民居建筑群，占地约 889hm^2（图 6-10、表 6-6）。

全市各类居住区规模　　表 6-5

类型	面积（km^2）	比例（%）
楼盘	52.9	16.9
新村（“城中村”）	153.6	49.2
旧村	105.7	33.9
全市总计	312.2	—

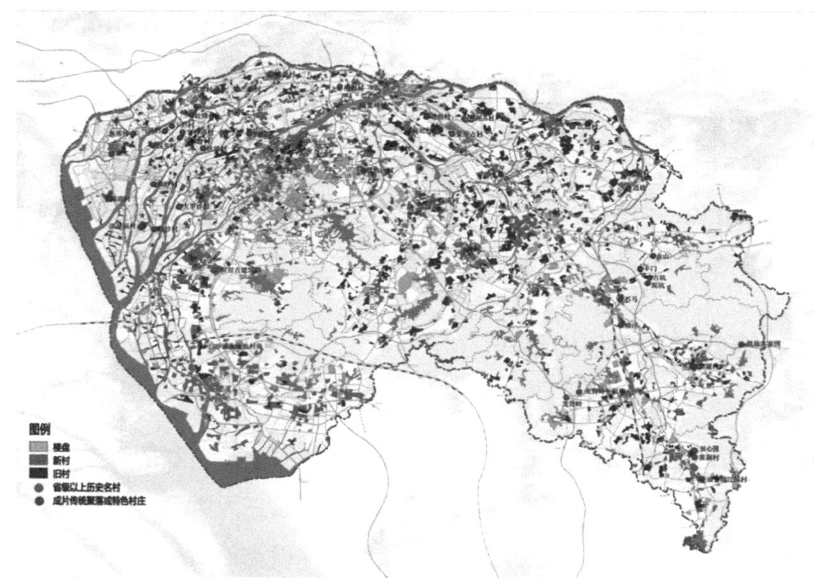

图 6-10　市域居住用地分类图

图片来源：粤 SS（2023）015 号

东莞历史文化名村及特色村落　　表 6-6

类型	序号	村落名称	所属镇街	备注
历史文化名村	1	南社村	茶山	国家级历史文化名村，2005 年公布
	2	超朗村	茶山	省级历史文化名村，2012 年公布；广东省古村落，2012 年公布
	3	塘尾村	石排	国家级历史文化名村，2007 年公布；广东省古村落，2012 年公布

续表

类型	序号	村落名称	所属镇街	备注
历史文化名村	4	西溪村	寮步	省级历史文化名村，2008 年公布
	5	下坝村	万江	省级历史文化名村，2012 年公布
	6	潢涌村	中堂	省级历史文化名村，2012 年公布
	7	新基村	麻涌	省级历史文化名村，2012 年公布
	8	黄洞村	凤岗	省级历史文化名村，2012 年公布
	9	江边村	企石	省级历史文化名村，2012 年公布
广东省古村落	1	田心村客家村落	凤岗	广东省古村落，2012 年公布
	2	龙背岭村客家村落	塘厦	广东省古村落，2012 年公布
	3	邓屋村	桥头	广东省古村落，2012 年公布
集中成片的古村落	1	鳌峙塘古民居	东城	—
	2	河田古建筑群清代典型民居	厚街	—
	3	甘油埔江屋村客家建筑群	凤岗	—
	4	龙背岭牛眠埔老围客家村落	塘厦	—
	5	铁场客家围	清溪	—
	6	黎村古民居建筑群	谢岗	—
	7	太和客家建筑群	樟木头	—
	8	石马客家建筑群	樟木头	—
	9	古坑客家建筑群	樟木头	—
	10	上南客家建筑群	樟木头	—
	11	泥坑客家建筑群	樟木头	—
	12	赤山客家建筑群	樟木头	—
	13	丰门客家建筑群	樟木头	—
	14	樟洋客家建筑群	樟木头	—
	15	迳联古建筑群	桥头	—
	16	清厦村	清溪	—
	17	白沙逆水流龟村堡	虎门	—
	18	塘角村	茶山	—
	19	增埗村	茶山	—
	20	横坑古村	寮步	—
东莞名村建设试点	1	麻二社区	麻涌	—
	2	桔洲村	石碣	—
	3	拔蛟窝社区	万江	—
	4	周屋社区	东城	—
	5	周溪社区	南城	—

续表

类型	序号	村落名称	所属镇街	备注
水乡特色村落	1	下芦村	中堂	—
	2	马沥村	中堂	—
	3	四乡村	中堂	—
	4	漳澎村	麻涌	—
	5	湛翠村	中堂	—
	6	扶涌村	望牛墩	—
	7	乌沙村	洪梅	—
	8	大罗沙村	道滘	—
	9	梅沙村	洪梅	—
	10	官桥涌村	望牛墩	—
	11	芙蓉沙村	望牛墩	—
	12	洪屋涡村	洪梅	—

2. 工业用地梳理

2014 年，东莞市现状工业用地约 545.9km²，据 2013 年东莞城市发展报告工业园区普查资料，结合园区集中程度、对镇街发展影响、现状建筑形态、建设年代等因素，将工业用地划分为保留价值较高、一般、较低三类工业区（表 6–7、图 6–11）。

全市各类工业区规模　　表 6–7

类型	面积（km²）	比例（%）
保留价值较高的工业区	270.5	49.5
保留价值一般的工业区	132.1	24.2
保留价值较低的工业区	143.3	26.3
全市总计	545.9	—

①保留价值较高的工业区：指规模大、产值高、建筑形态较好，对镇街产业发展具有重要意义的工业集聚区，多于 2005 年后建成，占地 270.5km²。其中分布于 30 个镇街（园区）的工业区建议确定为重点保留园区（表 6–8），占地 317.9km²。

②保留价值一般的工业区：指具有一定规模、现状发展较好，但位于镇中心区、重要交通枢纽周边、镇街战略发展地区等区位较特殊，或具有一定规模但现状发展较差、效益较低、2000 年左右建成的工业园区，占地 132.1km²。

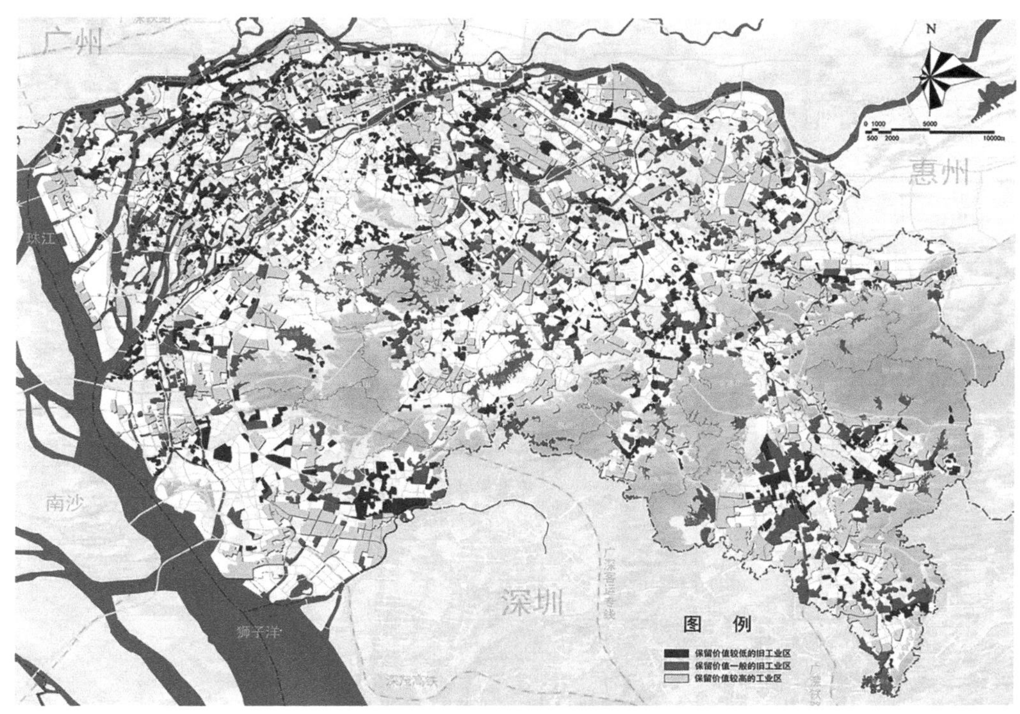

图 6-11 市域工业用地保留价值分级图

图片来源：粤 SS（2023）015 号

东莞建议重点保留园区一览表　　表 6-8

镇名	工业区名称	规模（hm^2）	备注（范围）
凤岗镇	凤岗南部工业区	608	主要是安佳工业区、荣通工业区、宏盈工业区、雁田布心工业区
	北部工业区	461	下围工业区、玉泉电子信息产业园、金凤凰工业区
塘厦镇	科苑城	663	大坪、田心、沙湖、平山等村
	太阳城	161	林村太阳城
	清湖头工业区（含东部部分）	533	清湖头、振兴围等村工业区
清溪镇	清凤路沿线工业区	607	金桥工业区、金龙工业区等
	埔星路沿线工业区	619	青湖工业区、三星工业区、鱼樑围工业区等
	九乡工业区	335	—
	铁松重合工业区	273	银河工业区
	罗马工业区	303	—
黄江镇	黄江南部工业区	460	创富、富源工业区、聚龙工业区
	长龙工业区	95	—
	裕元工业区	200	—

续表

镇名	工业区名称	规模（hm^2）	备注（范围）
樟木头镇	宝丰工业区	111	文裕工业区、宝丰工业区
	金河工业区	386	金河工业区、银丰工业区等
谢岗镇	粤海工业园	565	含金川工业区，赵林、稔子园等村
	谢岗东部工业区	321	振兴工业区、黎村工业区、大厚田心工业区
桥头镇	桥头西部工业区	395	大洲工业区、联盛工业区、华厦工业区
	东部工业区	456	桥东工业园、普世工业园
	南部工业区	385	禾坑、石水口村
企石镇	西部工业区	145	杨屋工业区、莫屋村工业区
	企石北部工业区	595	含东部工业园南城园区、莞城园区、铁岗红棉工业区
	东部工业园	685	主要是永发工业区、清湖万丰工业区、田新华兴工业区、黄金积工业区
常平镇	土塘工业区	241	—
	北部工业区	336	白石岗工业区、田尾、白花沥等村
	东深沿线工业区	919	—
横沥镇	横沥北部工业区	339	含三江工业区、山厦工业区
	西部工业区	297	含西城工业区、石涌村
	东部工业区	284	含桥头综合工业开发区、新城工业区
东坑	东兴工业区	532	含百顺工业区、长安塘工业区、东兴工业园及西部工业区
茶山镇	西部工业区	147	
	茶山工业园	750	—
石排	石崇路工业区	635	石崇工业园、水贝工业区、黄家壆工业区
	南部工业区	379	庙边王、下沙等村
寮步镇	科技园	109	井巷、长坑等村
	大进工业区	165	—
	石大路沿线工业区	622	华南工业园、向西村
大朗	南部工业区	388	象山工业园、宝陂工业区、黄竹溪工业区
	东部工业区	421	富民工业园、水口村工业区
	北部工业区	437	竹山社区旧园区、高英工业区、大井头第二工业区
大岭山	北部工业区	322	湖畔工业园、新塘村工业区
	杨屋工业区	215	—
	百花洞工业区	291	—
	大塘工业区	277	含向东工业区、百盛工业园
东城	东城科技园		—
	周屋工业区	503	含桑园工业区、余屋工业区
	温塘工业区	138	—
	外经工业园	502	—

续表

镇名	工业区名称	规模（hm^2）	备注（范围）
南城	市区南部	105	草塘工业园
万江	新村工业区	334	—
	上甲工业区	88	—
	创业工业园	186	—
道滘镇	南阁工业区	269	—
沙田镇	环保工业城	1480	西大坦、穗丰年、大坭村
	临港工业区	1090	—
	临海工业区	466	稔洲、义沙村
厚街镇	北部工业区	303	含赤岭、三屯村
	科技工业城	710	含横岗工业区、桥头第二工业区
	南部工业区	191	溪头工业区
虎门镇	虎门东工业区	155	大板地工业区、金洲工业区
	赤岗工业区	588	赤岗富马工业区
	凤凰山工业区	414	含凤凰山工业区
长安	振安中路沿线	617	（主要是振安科技园、厦岗工业园、上沙工业园）
	振安西路沿线	203	上角村
	长安南工业区		—
	振安东路沿线	870	主要包括锦厦工业区、咸西工业区 / 乌沙及沙头工业园等
洪梅	洪梅南部工业区	98	—
	正腾工业园	151	—
麻涌	环保产业园	102	—
	临港产业园	1685	—
	北部工业区	101	—
中堂镇	北部工业区	415	主要是潢涌工业区、三涌工业区
	槎滘工业园	246	—
高埗	北王路工业区	162	—
	高埗西部工业区	112	—
	莞潢路工业区	224	—
石碣镇	科技中路工业区	214	鹤田厦工业区、上江城工业区
	中部工业区	166	甲塘工业区、刘屋第一工业区
	石竭北工业区	53	大洲工业区、四甲工业区
石龙镇	新城工业园	89	—
	南部及西部工业区	57	—

③保留价值较低的工业区：指分布零散、建筑质量较差、效益不佳，在 1995 年左右建成的工业区，改造难度小，改造潜力大，占地 143.3km²。

3. 旧城镇梳理

旧城镇指建设年代较早（多在 20 世纪 90 年代前已基本成型），各类居住、商业、小作坊等建筑混杂、内部道路狭窄、生活环境质量较差，且随新区建设和周边经济发展呈现逐渐衰落现象的城镇街区。旧城镇内部道路狭窄、新旧建筑犬牙交错，有一定消防隐患，且人口相对密集，公共空间、绿地不足，交通压力较大，改造需求迫切。

东莞共有 32 个镇街，每个镇街都有一处旧城镇，每处规模为 1~2km²，合计约 60km²（图 6–12）。

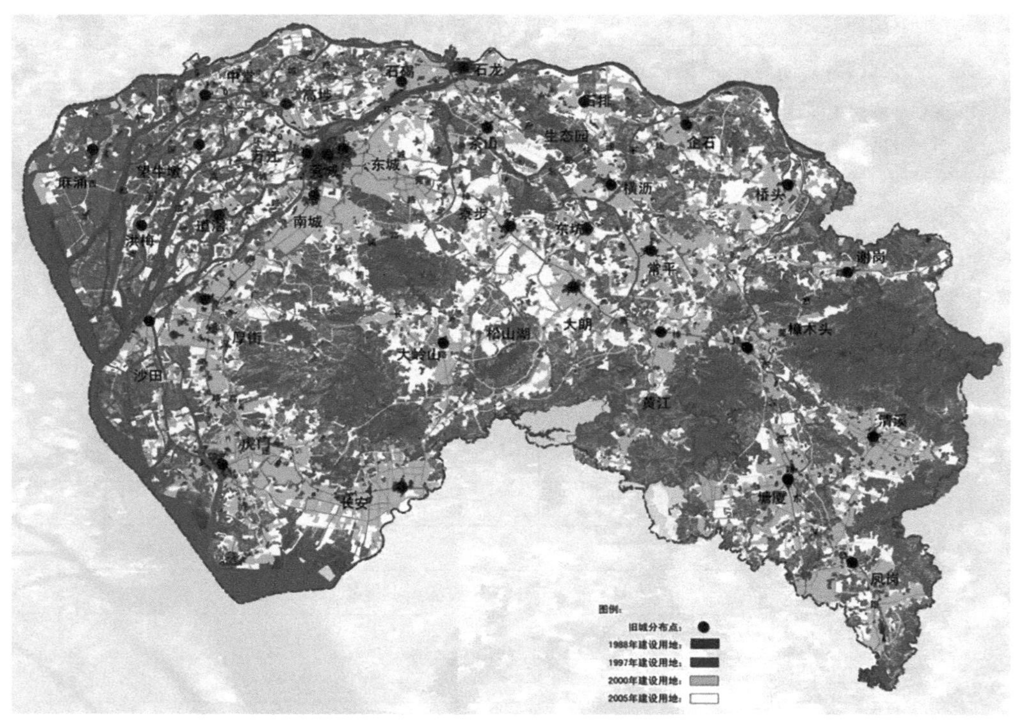

图 6–12　市域旧城镇分布
图片来源：粤 SS（2023）015 号

其中，旧城镇涵盖具有保护价值的历史城区、历史文化街区，指保存文物特别丰富、历史建筑相对集中、能够较完整和真实地体现传统格局和历史风貌，并有一定规模的区域。全市划定历史城区一片，占地 1.8km²；历史文化街区 9 片，占地约 95hm²（表 6–9）。

东莞历史文化街区一览表　　　　表 6–9

编号	历史文化街区名称	镇街	面积（hm^2）	类别	是否位于历史城区
1	中兴路—大西路	莞城	16.3	传统商贸骑楼型	是
2	兴贤里	莞城	1.9	城镇传统民居型	是
3	象塔街	莞城	1.6	城镇传统民居型	是
4	下坝	万江	4.1	城郊传统风貌型	否
5	余屋	东城	8.2	城郊传统风貌型	否
6	周屋	东城	10.8	城郊传统风貌型	否
7	竹园	寮步	5.2	城郊传统风貌型	否
8	大雁塘	南城	7.8	城郊传统风貌型	否
9	石龙中山路	石龙	39.1	传统商贸骑楼型	否

4. 改造潜力评价与潜在更新用地识别

考虑更新改造的需求度、难易度及可行性，本研究对居住、工业、旧城镇各类用地的改造潜力进行评估，划分三个层级（图 6–13、表 6–10）。

①更新改造高潜力地区：包括保留价值低的工业区、旧村地区。其现状建设环境较差，发展水平较低，生产生活安全隐患较大，改造需求迫切，改造潜力大。

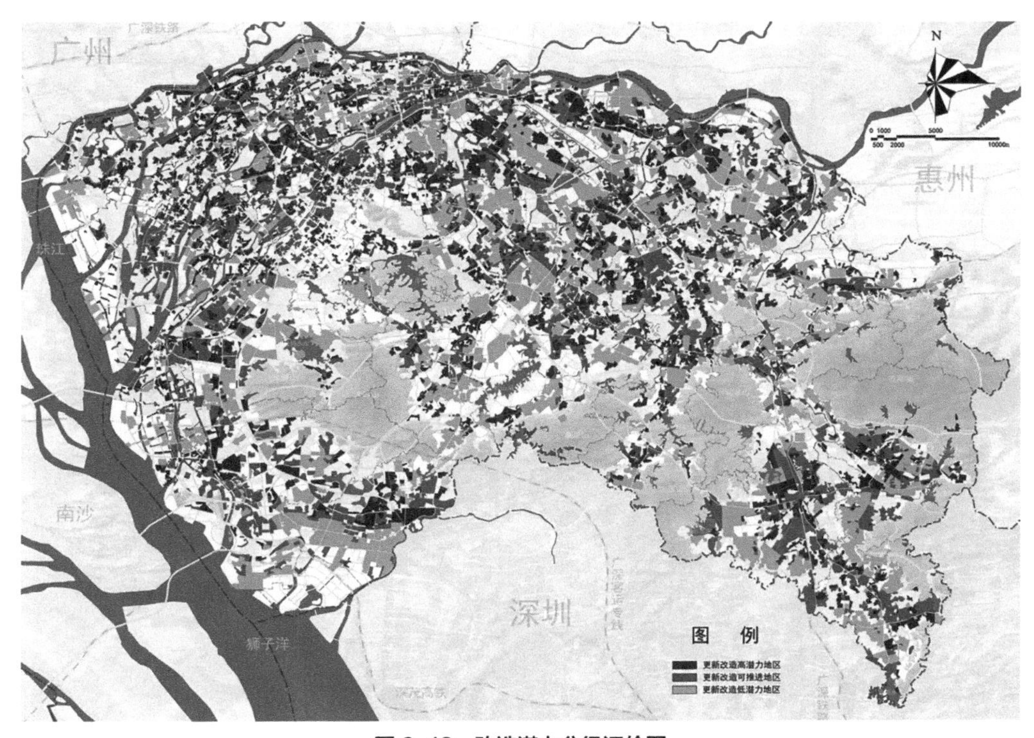

图 6–13　改造潜力分级评价图

图片来源：粤 SS（2023）015 号

市域各类用地改造潜力分级分类表　　表 6–10

分类		面积（km^2）	
更新改造高潜力地区	保留价值较低的工业区	143.3	249.0
	旧村	105.7	
更新改造可推进地区	保留价值一般的工业区	132.1	285.7（不含旧城镇面积）
	新村（“城中村”）	153.6	
	旧城镇	—	
更新改造低潜力地区	保留价值较高的工业区	270.6	323.5
	楼盘	52.9	

②更新改造可推进地区：包括保留价值一般的工业区、新村（“城中村”）、旧城镇地区。其区位较好，但现状整体环境不佳，用地效率偏低，人口相对密集，有一定的改造难度，条件具备时可积极推进更新改造。

③更新改造低潜力地区：包括保留价值高的工业区、城镇楼盘。用地本身暂不具备改造动力，片区整体环境应进一步优化、提质。

综上所述，识别城市更新的潜在更新用地应为更新改造高潜力地区与更新改造可推进地区，包括村庄用地、旧厂用地、旧城镇用地三类，占地 594.7km^2，其中更新改造潜力高的地区占地 249km^2（图 6–14、表 6–11）。

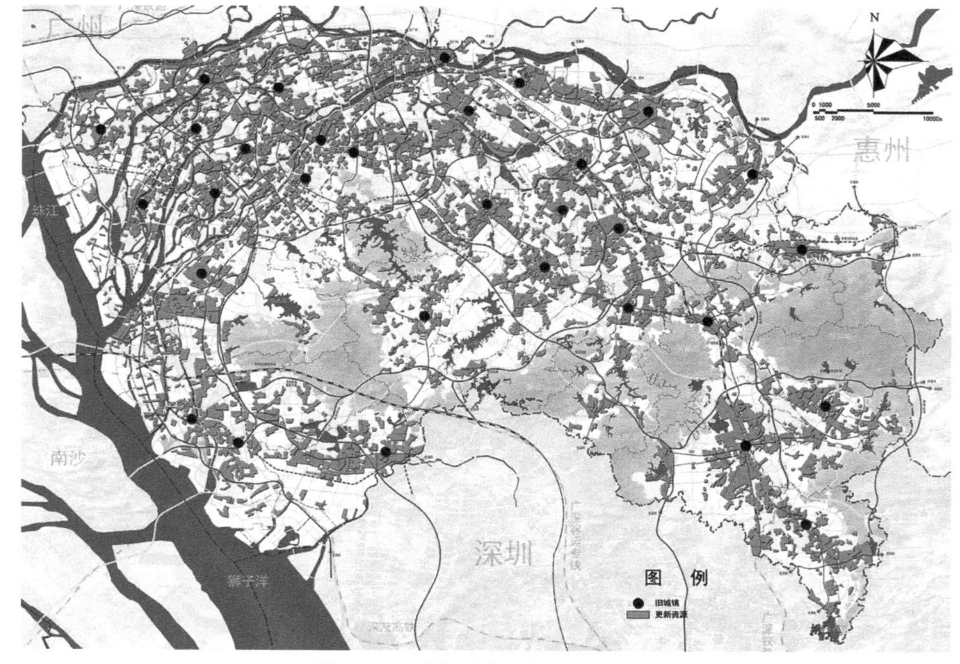

图 6–14　市域潜在更新用地分布图

图片来源：粤 SS（2023）015 号

市域潜在更新用地情况　　表 6-11

分类		面积（km^2）
村庄用地	新村（“城中村”）	153.6
	旧村	105.7
旧厂用地	保留价值一般的工业区	132.1
	保留价值较低的工业区	143.3
旧城镇用地	旧城镇	60.0
全市总计		594.7（含新村） 441.1（不含新村）

6.5 东莞市土地再开发类型区划分

1. 产业保障区

产业保障区是指为保障产业发展空间，由政府划定的一类政策分区，实现对特定产业集聚区的严格保护。

（1）划定原则

①现状基础。区位合适且现状产业发展较好，布局较集中、规模较大的产业集聚区。

②规划要求。已批城市总体规划确定的连片产业集聚区，上层次规划（包括省级相关规划，市域城镇体系规划、市域总体规划、组团总体规划，市经信部门制定的产业规划）确定的重要产业集聚区、产业廊道等。

③市级战略。市政府规定需要纳入产业保障区的地区。

④规模要求。划定的产业保障区内，规划的产业用地比例应不低于已批城市总体规划产业用地的 80%[①]。

（2）初步划定范围

根据上述原则确定市域产业保障区空间布局方向，建议划定规模 317.9km^2（图 6-15）。

（3）管制要求

严控产业功能转换，禁止“工改居”。“工改居”是指将现状工业、仓储等产业用地改造为居住、商住用地的项目。产业保障区内，除按控制性详细规划实施（或微调）及经市政府特别批准的项目外，原则上不允许“工改居”。区内的“工改居”项目由政府优先收储。

① 产业用地包含工业用地（M）、仓储用地（W）、科研设计用地（C65）

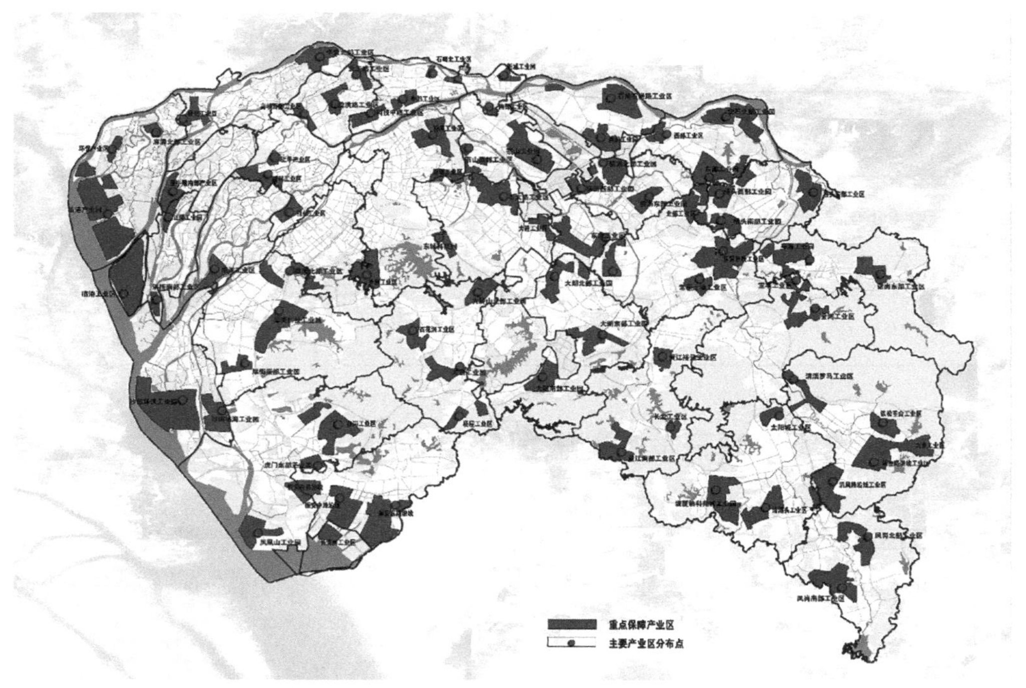

图 6-15　市域产业保障区空间指引

图片来源：粤 SS（2023）015 号

2. 生态保护区

生态保护区是指基于生态保护的要求，划定严禁各种建设行为的地区。

（1）划定原则

①生态控制线规划确定的生态绿核、关键节点、廊道、片区隔离带。

②已批城市总体规划确定的成规模连片生态用地。

③各部门确定的严禁建设地区。

（2）初步划定范围

根据上述原则确定市域生态保护区空间布局方向，衔接“三带、三核、多片、多廊”的市域生态空间格局，生态绿核、生态片区、生态廊道、生态带原则上应划入生态保护区，范围内现状建筑应逐步清退和复绿（图 6-16）。

（3）管制要求

严禁拆除重建，实施清退、复绿。生态保护区内的现状建筑应逐步清退并复绿；对生态保护区的现状建筑进行清退和复绿的，可获得建设量指标奖励，该指标可转移。

3. 历史文化保护区

历史文化保护区是指根据历史文化保护以及村落特色传承的要求划定的改造保护区。

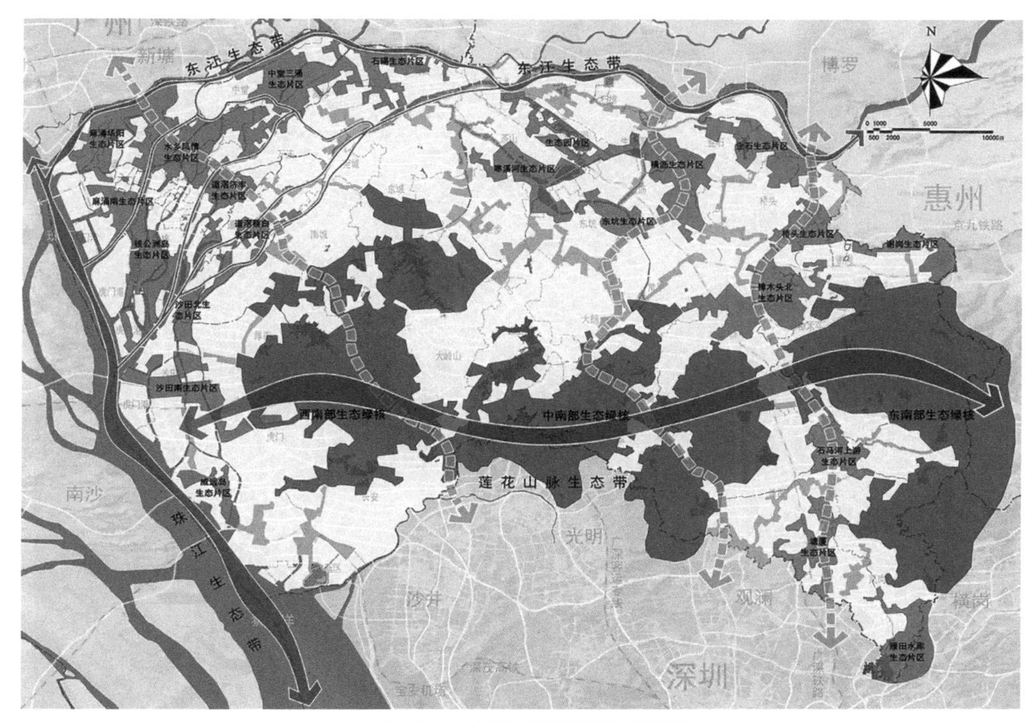

图 6-16　市域生态保护区空间指引

图片来源：粤 SS（2023）015 号

（1）划定原则

①历史文化名城保护规划确定需要保护的各类资源。

②历史街区，历史文化名城、名镇、名村，以及文物保护单位的建设控制范围。

③历史文化遗存较丰富的村落，整体格局和风貌保存尚好、能够体现东莞文化特色的传统村镇聚落或建筑群（如水乡特色村落、客家特色村落等）。

（2）初步划定范围

根据上述原则确定市域历史文化保护区空间布局方向，建议划定规模 8.4km²（图 6–17）。

（3）管制要求

以综合整治为主，严禁大拆大建。历史文化保护区内的改造，应服从文化保护和特色传承的需要，与周边环境相协调；改造应以综合整治为主，严禁大拆大建；除全市文物“三普”中确定的各级文物保护单位和可移动文物外，对已发现和在改造过程中新发现的历史线索，经文物部门组织鉴定后，须给予有效的保护，禁止拆除。

4. 战略统筹区

战略统筹区是指政府确定需要进行战略统筹的地区。

图 6-17　市域历史文化保护区空间指引

图片来源：粤 SS（2023）015 号

（1）划定原则

①轨道站点周边地区应纳入战略统筹区，具体范围的划定应符合《东莞市城市轨道交通建设管理暂行办法》以及经省、市相关部门批复的轨道交通站点 TOD 综合开发规划。

②需要政府投入大量资金进行基础设施建设的地区（如城镇新中心区）应纳入战略统筹区。

③重大基础设施选址地区应纳入战略统筹区。

④政府确定需要进行统筹发展的其他地区。

（2）初步划定范围

根据上述原则确定市域战略统筹区空间布局方向，建议划定规模 364.4km^2（未进行 TOD 规划的轨道站点控制范围暂不纳入统计）（图 6-18）。

（3）管制要求

战略统筹区内的改造项目由政府优先收储。战略统筹区内由政府收储并公开出让的连片改造区域，在规划调整申请、容积率指标确定等方面给予一定的弹性。

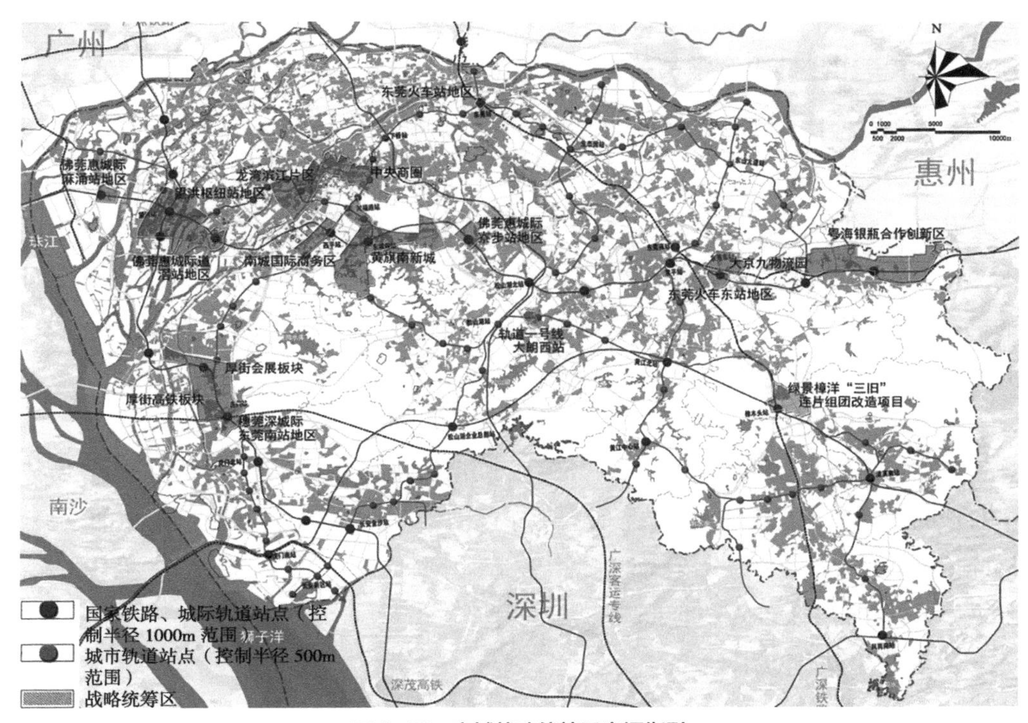

图 6-18　市域战略统筹区空间指引

图片来源：粤 SS（2023）015 号

6.6　东莞市土地再开发目标与策略

6.6.1　东莞市土地再开发目标

在新型城镇化发展和生态文明建设的背景下，东莞市以建设“国际制造名城，现代生态都市”为总目标，推动城市发展模式和增长方式的根本转变。通过城市更新，调整城市功能结构，促进产业的集聚发展和产业结构的优化升级；充分挖掘存量土地资源，提高空间资源的利用效率；加强和完善市政配套设施与公共服务设施的建设，全面提升城市的建设品质；推进城市环境综合整治，全面改善城市景观面貌，建设生态宜居城市。具体目标任务如下。

①优化城市职能：实现城市功能升级与格局优化，完善设施配套，再造城市活力。

②提升人居环境：居民点环境综合整治，完善游憩、康体、休闲设施场所，提高城市居住品质与安全性，提升城市魅力。

③破解资源困境：提供可供二次开发的连片用地，集约用地，提高土地利用效率。

④修复生态环境：修复生态敏感区，提高生态外部效益，提升城市整体环境品质。

6.6.2 东莞市土地再开发策略

1. 集聚化改造，突出重点

（1）集聚改造空间

从城市整体发展的角度，“自上而下”确定需要进行更新改造的区域；从城市功能与布局的角度，识别战略发展空间和重点改造区域。突出政府对城市更新整体空间的把控，并配套管控与支持政策，有利于整合土地资源、实现连片改造与区域再开发；有利于“肥瘦搭配”，平衡市场与公共利益、局部与整体利益。

（2）调控改造时序

任何成功的城市更新改造都是一个复杂和渐进的过程，城市更新不是城市发展某一阶段的短期行为、运动式改造，而是城市发展到一定阶段后一个连续不断的过程。因此，应结合改造动力，分阶段推进更新改造，坚持成熟一片、改造一片、提升一片。建立城市更新的年度准入制度，调控改造时序。

2. 差异化改造，引导多元

（1）改造政策差异化

根据不同改造对象和更新目标制定差异化的政策组合（包括土地出让方式、容积率赠送、土地收益返还比例等），整体政策红利要向产业转型、配套提升、环境改善、政府统筹连片改造方向倾斜，严控零星的市场改造。反思实践问题，差异化政策制定需遵循三个原则：一是转变协议出让“一刀切”政策，“工改居（商）”实行政府收储、公开招拍挂；二是优化利益分配格局，“工改居（商）”土地收益直接返还镇村比例降低，设立专项资金用于扶持产业发展和公共建筑配套，同时旧村改造土地收益返还村集体的比例增大；三是调整政策导向，政策红利向“配套提升、环境改善、产业转型、政府统筹、连片改造”等方向倾斜。

（2）改造手段差异化

因地制宜，丰富改造手段，塑造区域特色。城市更新方式丰富，除拆除重建外，还应包括综合整治、功能置换、修葺完善等。针对不同地区，结合其建筑基础、文化特色等条件，予以相应的改造引导，有利于实现成本节约、文化延续及强化区域认同感。界定各类改造的方式适用范围，引导和规范改造行为。

（3）空间管制策略差异化

根据不同区位及区域功能定位，实施差别化的规划改造空间管制策略。规划明确不同区域的改造策略，并加强规划实施监管：城镇中心区、轨道站点地区、产业集聚区等，可赋予更多改造红利和措施，引导高强度、高密度开发；边缘地区或保护性区域，要严控大拆大建，以修复型、完善型改造策略为主。

3. 整体性改造，强化统筹

（1）明确政府角色

借鉴深圳、佛山、苏州等地经验，政府在城市更新中扮演着至关重要的角色，政府的有效作为是城市更新成功的关键。要明确并强化政府在城市更新中的重要作用：在宏观层面，政府是城市更新战略的统筹者、制度的设计者、规划的制定者；在微观层面，政府是城市更新的引导者、监督者、协调者、服务者等多重角色。

（2）强化土地收储

强化政府的土地收储职能，是发挥土地集聚效应、统筹连片城市更新的关键。一是整合部门行政资源，设置专职土地收储、整备和更新机构，统筹连片土地资源；二是政府积极介入重点改造区域的土地整备、收储，把控战略空间的发展建设；三是研究建立全市统一的土地投融资平台，提供大规模土地整备的资金保障。

（3）同步公共配套

利益平衡是实现城市更新可持续发展的关键，必须加快扭转市场与公共利益失衡的局面。政府作为公共利益的代表，在利益平衡中应主动扮演市场与公共利益平衡、局部与整体利益平衡的推动与协调者角色。一是由政府直接介入和主导社会性、公共性强的更新项目；二是强化公共配套与改造项目的捆绑实施关系以及次财政支持制度；三是强化整体规划编制与规划实施监督力度，保障“拆三留一”政策落实；四是设置竣工验收门槛，项目实施必须等比同步推进公共设施建设。

6.7 东莞市土地再开发总体布局与重点地区指引

6.7.1 东莞市土地再开发总体布局

1. 总体布局思路

（1）重点加强核心区域

东莞市中心城区发展经历了从单中心到多中心、逐渐进入区域整体发展的阶段。顺应这种发展趋势，在“三旧”改造中应助推中心城区空间整合，促进区域资源优化配置，加强核心区域的主导地位与辐射作用，构建中心产业服务平台，增强东莞中心城区核心竞争力。

（2）优化完善城镇结构

以东莞市域城镇体系架构为导向，改造中强调各级中心的营造，先后有序，形成等级、层次分明的发展格局。对中心城区和西部沿海镇区，推动区域性的大规模改造；

对东部常平、塘厦两个区域中心城镇重点塑造，强化改造的带动作用与示范作用；其他城镇依据各自的功能等级和服务层次，优先考虑镇中心区域的改造。

（3）重新焕发城市活力

以早期经济发展地区为基础，在“三旧”改造中明确功能空间的总体布局，促进功能空间联动式发展，特别注重对轨道交通建设沿线区域、产业转型升级导致功能转换的集中区域进行有效引导。

2. 总体布局

东莞市土地再开发空间结构为“一主、三副、三带、多节点”（图 6–19）。

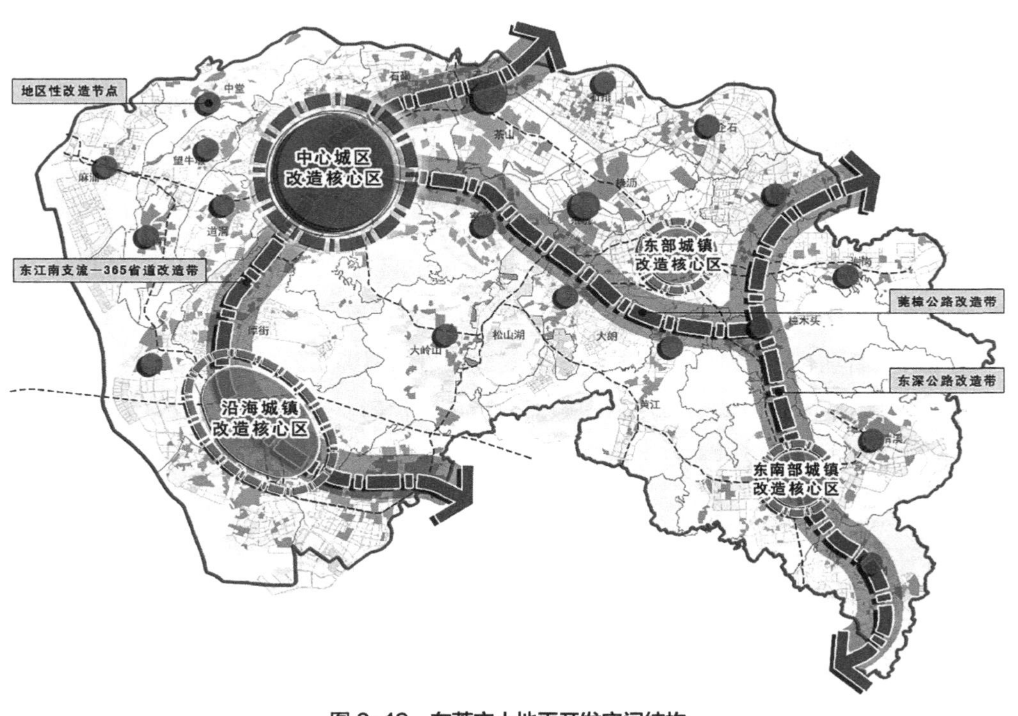

图 6–19　东莞市土地再开发空间结构

图片来源：粤 SS（2023）015 号

“一主”：中心城区改造核心区，包括莞城、东城、南城与万江，强调中心城区在“三旧”改造中的核心地位。

“三副”：厚街、虎门和长安形成的沿海城镇改造核心区，以常平为中心形成的东部城镇改造核心区，以塘厦、清溪为中心形成的东南部城镇改造核心区。

“三带”：东江南支流—358 省道改造带、莞樟公路改造带、东深公路改造带。

“多节点”：各镇区中心形成的地区性改造节点。

6.7.2 东莞市土地再开发重点区域

1. 土地再开发重点区域识别

结合市域空间发展战略，东莞需要重点推进“三个层级”区域的土地再开发。

第一层级：重点推进市级服务中心与区域增长极地区的用地整备和城市更新，支撑“强心育极”战略部署，包括中心组团的中心城区，松山湖周边地区，西南组团的虎门、长安。

第二层级：加快推进组团服务中心的更新改造，提升、强化服务能力与辐射带动作用，包括西北组团（望洪枢纽地区）、东南组团（塘厦中心区）、东北组团（常平中心区）。

第三层级：有序推进各镇旧城区与一般轨道站点区域更新改造及用地整备。

2. 重点更新地区

考虑更新改造的难易程度、连片性及更新潜力，将改造时机相对成熟、重要战略节点地区作为市域优先和重点推进更新改造的区域（图 6-20）。

轨道 2 号线沿线重要区域：东莞火车站地区、市区东北部滨江片区、世博商圈地区、CBD 及周边地区、厚街中心片区、白沙高铁站地区、虎门中心片区、长安 S358 沿线地区。

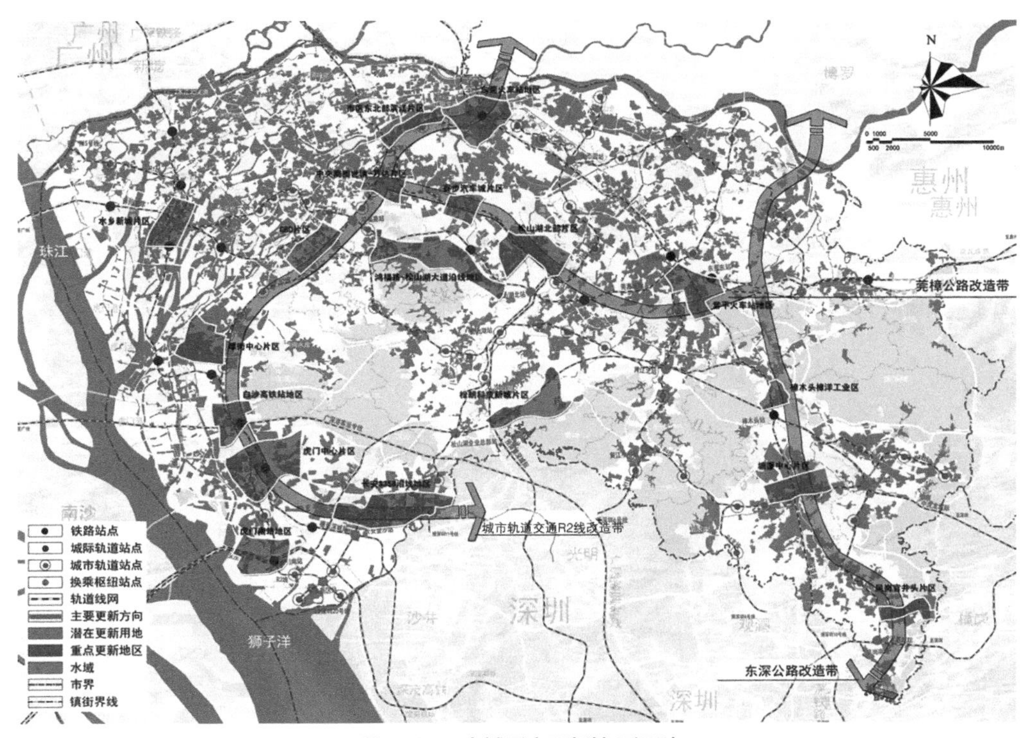

图 6-20　市域重点更新地区识别

图片来源：粤 SS（2023）015 号

松山湖拓展地区：包括其西北向与中心城区的连廊地区（鸿福路—松山湖大道沿线地区）、南向与散裂中子城的连廊地区（松朗科技新城片区）、北向与生态园的连廊地区（松山湖北部片区）。

莞樟路—东深公路沿线重要区域：包括世博商圈向东延伸地区、寮步汽车城片区、樟木头樟洋工业区、塘厦中心片区、凤岗官井头片区。

轨道门户枢纽地区：望洪枢纽（水乡新城片区）、东莞火车站地区、常平火车站地区、虎门南站地区。

6.8 东莞市土地再开发的强度指引

6.8.1 开发强度划分思路

为了保证良好的城市环境质量并鼓励市场化开发，结合已批控制性详细规划、同类开发地区经验、改造地块区位、主导用地功能和发展方向以及城市形象等因素，本研究对东莞市土地再开发地块的容积率、建筑密度、建筑高度进行分区并作出合理指引（图 6–21）。

本研究只对非公益性用地地块进行开发强度指引，公益性用地按《东莞市城市规划管理技术规定》的一般规定控制。具体地块开发强度通过改造单元规划作充分论证后确定。

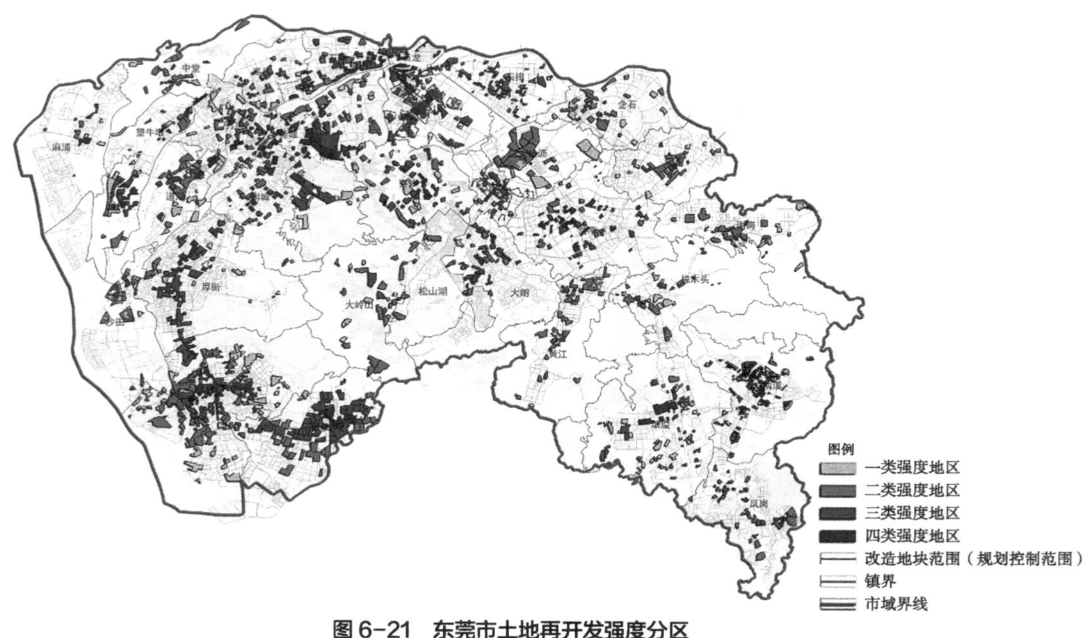

图 6–21　东莞市土地再开发强度分区

图片来源：粤 SS（2023）015 号

6.8.2 开发强度分区

1. 一类强度区

地块容积率控制在 1.8（包括 1.8）以下，建筑密度不大于 50%，建筑高度不高于 24m。一类强度区主要分布在以物流、专业市场、工业功能为主或生态环境较敏感的城镇建设区。

2. 二类强度区

地块容积率控制在 1.8~2.5（包括 2.5），建筑密度不大于 45%，建筑高度不高于 50m。二类强度区主要分布在居住和商业功能为主的城镇建设区。

3. 三类强度区

地块容积率控制在 2.5~3.0（包括 3.0），建筑密度不大于 40%，建筑高度不高于 75m。三类强度区主要分布在以商贸和居住功能为主的城镇中心地区。

4. 四类强度区

地块容积率控制在 3.0~5.0（包括 5.0），建筑密度不大于 35%，建筑高度不高于 100m。四类强度区主要分布在中心城区改造核心区、沿海城镇改造核心区及其他城镇中心城区的核心区。

6.9 东莞市土地再开发制度体系建设

6.9.1 完善管理机构，确立政府在土地再开发中的统筹地位

1. 明确两级政府的权职关系（图 6–22）

（1）市级政府

土地再开发是市政府的战略部署，市级政府负责土地再开发的顶层制度设计、对

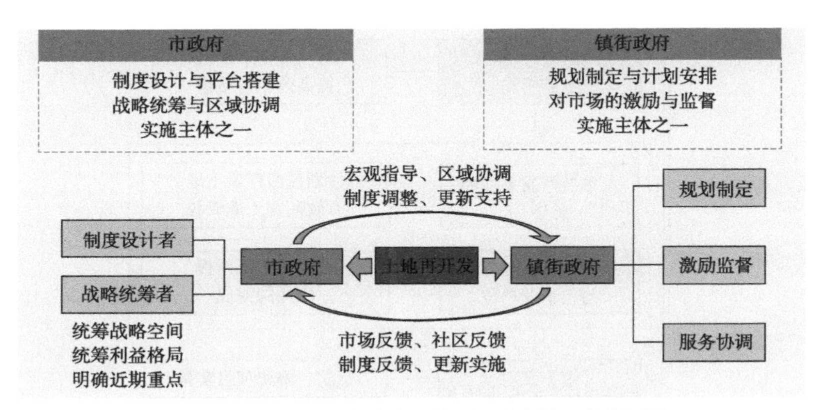

图 6–22 土地再开发中市—镇两级政府的职责分解图

市域土地资源的战略统筹，同时也是市级战略空间的实施主体，具体责任包括以下几个方面。

①制度设计与平台搭建。城市政府的重要职责是完善制度、设立程序、制定政策以及搭建各方合作的平台。

②战略统筹与区域协调。统筹战略空间，明确近期重点；统筹跨镇区域更新，协调镇街关系；统筹利益格局，平衡经济、社会与生态利益，以及局部与整体利益、市场与公众利益。

（2）镇街政府

镇街政府是辖区内土地再开发的主要实施主体，激励与监督市场参与到土地再开发中，需要对市级机构负责，具体责任包括以下几个方面。

①规划制定与计划安排。以市战略统筹为基础，统筹镇域制定“三旧”改造专项规划、年度计划，由市政府审批确定。

②对市场的激励与监督。开发商的逐利行为必然会与规划调控的要求产生某些冲突，政府部门介入城市更新，一方面为开发商提供必要的支持与辅助，调动开发商作为市场主体参与城市更新的自觉性和积极性，同时还可监控和防止开发商忽视甚至是损害公共利益的行为。

2. 设立土地再开发专职管理机构

建立土地再开发的专职机构和土地储备机构，通过构建完善的土地再开发管理架构，建立规范化、高效化的土地再开发项目审批、操作和监管程序。形成“市政府—土地再开发市级专职机构—土地再开发土地储备中心—各行政、企事业单位—镇街政府”五级管理机构。各级机构职责如下（图 6-23）。

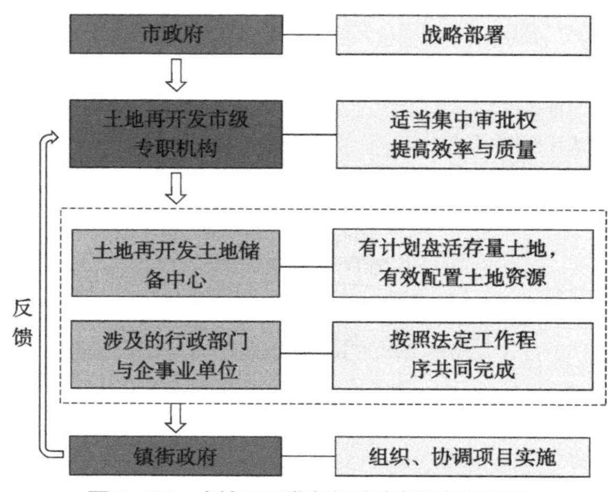

图 6-23　土地再开发各级政府部门组织体系

①市政府：战略部署、平台搭建、顶层设计。

②土地再开发市级专职机构：统筹、指导、协调、监督土地再开发各项工作。将分散在各部门有关土地再开发的审批权适当集中，提高土地再开发工作效率和工作质量；统筹协调战略地区土地再开发的各方利益；定期举办土地再开发宣传培训讲座等。

③土地再开发土地储备中心：根据市场需求，有计划地盘活存量土地资产，按计划配置土地资源。

④各行政、企事业单位：土地再开发过程涉及土地、规划、建设、计划、财政，以及能源、电力、水务、通信、绿化等众多部门和企事业单位，必须要求各涉及方共同遵守法定的工作程序。

⑤镇街政府：组织、协调本辖区土地再开发项目的实施。

6.9.2 优化土地再开发规划管控体系，强化规划的引导与统筹

土地再开发规划体系是常规规划实施的细化和完善，不得违背相应的法定规划管理体系。构建与城乡规划体系相对应的“全市土地再开发专题研究—全市土地再开发专项规划—镇街土地再开发专项规划—镇街土地再开发年度计划—改造单元规划”五级土地再开发规划体系。

（1）明确不同层次规划管控的不同内容，力求做到每层级的规划解决本层级的问题

①“全市土地再开发专题研究”对接市域战略研究，重点研究政策、制度、机制等顶层设计的问题。

②“全市土地再开发专项规划”对接市域总体规划，其纲要是纲领性文件，对全市“三旧”改造工作提出管控要求，并通过《镇街土地再开发专项规划编制指引》的方式“自上而下”地传递；其具体内容则通过汇总各镇街改造专项规划的方式完善。

③“镇街土地再开发专项规划”对接镇街总体规划，是镇街土地再开发资源的整体安排，重点管控改造区域、改造规模、功能指引、政策分区、时序安排等。

④“镇街土地再开发年度计划”对接镇街总体规划的年度实施计划，重点确定当年改造规模和准入项目，并且确定改造项目主要的规划指标。

⑤“改造单元规划”对接控制性详细规划，重点落实上层次规划安排，完善控制性详细规划调整的程序。

（2）明确市镇两级专项规划传导机制

土地再开发规划的上下传导机制关键在于两级土地再开发专项规划的衔接，在尊

重东莞现有行政架构和规划管控方式的基础上，市镇两级土地再开发专项规划协调互动的方案。

首先，从市域层面制定《镇街土地再开发专项规划编制指引》，提出市域层面的管控要求以及规划编制的相关规定。按照规划编制指引，由镇街负责组织编制改造辖区内的《镇街土地再开发专项规划》，市规划局提供技术审查和上报，并将《镇街土地再开发专项规划》汇总、协调，形成《市域土地再开发专项规划》，并报广东省自然资源厅备案。

在这一上下传导机制中，管控的主体与审查的对象是镇街一级的改造专项规划，市域土地再开发专项规划只作为申报省自然资源厅的主体。因此，市域统筹与把控的关键在于编制具有实质指导意义的《镇街土地再开发专项规划编制指引》，并以此切实审查各镇街上报的土地再开发专项规划（图 6–24）。

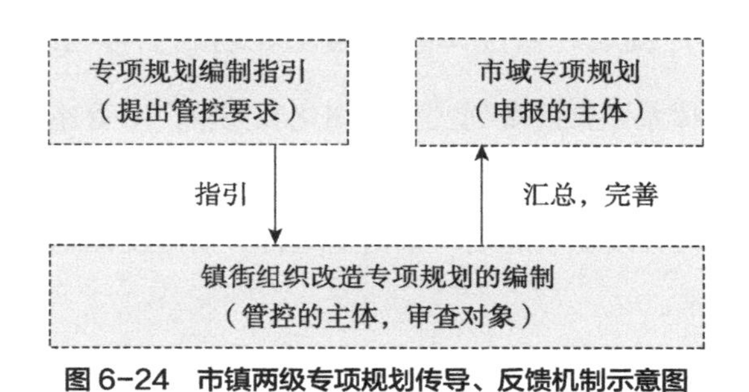

图 6–24　市镇两级专项规划传导、反馈机制示意图

6.9.3　完善土地再开发政策法规体系

土地再开发的立法应切实反映城市各项组成要素在土地再开发过程中的政策取向，特别是反映各部门在土地再开发过程中的目标和取向，并尽可能地代表社会各类大众群体的利益需求。因此，土地再开发政策法规体系需要在土地再开发主管部门主导下，明确政策指向，系统梳理、修正和补充相关政策、法规，形成以《东莞市推动产业结构和转型升级实施城市更新暂行办法》为主干，《东莞市“三旧”改造实施细则》及土地、财税、产业、拆迁补偿等相关领域政策法规互为支撑的土地再开发政策法规体系。

6.9.4　制定差异化的政策组合

根据不同的更新目标和管控目的，制定差异化的规划、土地、财税、产业、环境等政策组合。

1. 制定差异化的土地出让模式

转变各类型改造用地均可协议出让、“一刀切”的土地出让模式。“工改居（商）”项目由政府统一收储后进行公开出让；在政府确定不收储的地区，“工改工”、旧村改居（商）、旧城改居（商）的项目允许采取协议出让的模式，以调动市场参与改造的积极性。

2. 制定差异化的出让金返还政策

转变所有改造项目政府均过度让利、简单化的返还政策。改造难度较大的旧村与旧城镇，政府应对产权主体进一步让利，扩大土地收益返还的比例，调动各界参与改造的积极性；土地增值较大的“工改居（商）”项目，市政府应压缩土地收益的直接返还比例，并且收取一定比例的资金作为产业及公共建筑建设的专项基金；对于“工改工”项目，政府应提供一定的资金补助，以促进产业的转型升级。

3. 制定多样化的容积率确定方式

容积率的确定应以密度分区为基础，并通过成本核算以及容积率奖励等方法进行调整。

（1）成本核算法

成本核算法适用于旧城镇改造、旧村改造项目，在保证“拆三留一”政策有效落实的基础上，采用成本容积率核算的办法核算改造容积率：

融资面积 = 改造成本 / 楼面地价

改造容积率 =（融资面积 + 回迁面积 + 公共服务设施面积）/ 地块面积

其中，“改造成本”包括改造过程中产生的拆迁安置成本、公共服务设施建设成本、补缴土地出让金、土地税费等一系列费用；“楼面地价”是指将地块的总地价平摊到建成后建筑面积上，得出的单位建筑面积对应的地价，一般由专业评估机构评估而得。原则上，经过核算的改造容积率不能突破控制性详细规划审查标准的上限。

（2）容积率奖励法

容积率奖励法适用于“工改居”“工改商”的项目，需要在基准容积率的基础上，根据旧改项目公共服务设施的贡献程度来确定奖励容积率的量。

改造容积率 = 基准容积率 + 奖励容积率

其中，“基准容积率”是结合相关规划指引、区位、设施及环境支撑能力、现状建设情况综合确定，同时须满足表 6-12 所示规定。

“奖励容积率”是指改造主体在提供公共服务设施的前提下获得奖励的容积率。获取容积率奖励的项目必须满足以下条件：奖励建设总规模须按比例反算到各类用地上，禁止将奖励的建设规模集中反算到某一类用地上；可以获得建设规模奖励的公

基准容积率的相关规定　　表 6–12

类型	用地类别	地块基准容积率	备注
旧厂改造	居住用地（R2）	≤ 1.8	—
	商业金融业用地（C2）	≤ 3.5	—
	商住用地（R5）	≤ 2.2	居住建筑面积所占比例不得超过 70%

共服务设施必须是改造后新增的公共服务设施，应属于“三旧”改造标图建库红线范围内，并且必须与改造项目同步拆除、同步建设后无偿提交给政府。

4. 研究其他保障实施的政策

（1）产业准入机制

通过土地集约利用考评标准、投资强度考评标准、环境影响考评标准等指标制定产业准入标准，淘汰产能落后的企业，实现产业的升级改造与用地的集约利用。

（2）建设量转移机制

建设量的“发送区”是划定为需要逐渐清退的生态保护区，“接收区”是改造的核心区。由镇街政府建立转移平台，镇政府负责生态保护区内建筑的清退和复绿，并获得建设量指标。改造的核心区若需要提升现状容积率，必须向镇政府购买建设量指标，以获取超额的建设量。镇政府从中获得的资金须用于生态保护区的清退和修复工作（图 6–25）。

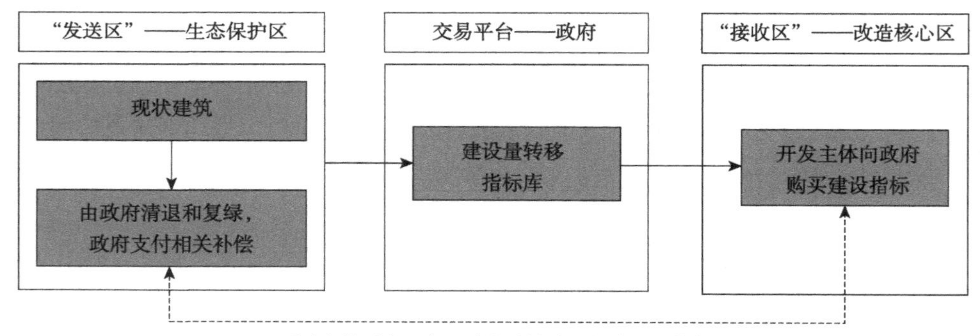

图 6–25　建设量转移机制运行示意图

第 7 章
结论与展望

7.1 主要结论

本书从梳理和总结城镇发展与土地再开发利用的相关理论和研究进展出发，对城镇发展与规划、土地再开发、土地再开发潜力等概念的内涵做了科学界定。依据现有类型区划分、土地利用潜力预测方法的整理，总结出土地再开发类型区划分方法与潜力预测方法。同时，本书对土地功能优化的目标方向、定位，以及规模与布局展开了探讨，并提出了土地再开发规划编制的技术指引。在此基础上，本书选取东莞市作为案例展开了实证研究。通过研究，本书得出了以下主要结论。

1. 依托城市更新和乡村振兴为大湾区城镇发展和规划提供借鉴

国内外研究已从理论应用和实践探索的角度对城镇规划与城镇发展进行了系统性的研究。在“十四五”规划的背景下，追求高质量发展已成为我国区域城镇体系和小城镇建设的发展重点。以特色小城镇发展为依托，注重城镇的绿色协调和可持续发展，并针对城乡融合发展的背景进行城镇发展的规划与实践，将有助于特色城镇的健康高效发展。在粤港澳大湾区发展背景下，注重“多规合一”规划体系的制定与完善，以城市更新（或微更新）与乡村振兴为抓手，引导公众参与城镇规划与建设，为区域城镇发展及土地资源的再开发提供了宝贵的案例参考。

2. 土地再开发应构建“自上而下”与“自下而上”相结合的规划体系

土地再开发规划是平衡利益、调整利益格局的规划。既要保障和尊重农民的利益，又要使土地再开发创造更多的社会、经济和生态效益。单由政府主导推动很可能会陷入缺少真实市场运作主体从而导致规划流于形式的困境，过分依赖市场又很容易由于缺少上层规划的指导和管控而突破公共利益的底线。因此,应构建“自上而下”与“自下而上”相结合的土地再开发规划体系。上层规划应体现国家和地方政府的宏观政策,协调和统筹区域的再开发矛盾,制定不同类型区域差别化的再开发战略;中层规划应具体落实上层规划的再开发战略意图,并提供下层规划与上层规划互动反馈机制和多方交流沟通平台;底层规划应积极融入公众参与,了解公众的再开发意愿,甚至推动由“为公众规划”向“与公众一起规划”转变的规划编制技术变革。

3. 土地再开发应构建与相关规划衔接的规划编制技术

为提高规划可操作性,促进“多规合一”,需要构建与相关规划衔接的村镇建设用地再开发规划编制技术。首先,需要在规划期限、近远期规划安排、再开发年度计划方面与相关规划进行衔接。其次,在类型区划分、潜力预测和规划方案上需要与相关规划的分区(主体功能区、土地利用分区和建设用地空间管制区等)和用地布局进行叠加衔接。再次,应构建能与相关规划(尤其是土地利用规划和城乡规划)进行衔接和相互转换的用地分类体系。此外,需在不同层次上与相关规划相衔接,并在规划内容上体现互补性和差异性。

7.2 不足与展望

由于研究时间及资料有限,加上研究视角的局限性,本书对一些问题的研究还不够深入,不可避免地存在一些不足之处,主要表现在以下几个方面。

本书在分析粤港澳大湾区城镇发展规划的基础上,以东莞市为研究案例进行实证分析。但我国仍有大量的旧城镇、农村地区有数量更为巨大的土地需要进行再开发,旧城镇、农村地区的土地再开发的影响因素、限制条件、模式等因所在区域不同会有较大差异,本书的研究思路将不一定适用,需要进一步探索。

本书的研究内容主要是土地的功能优化与再开发规划,而对土地再开发过程中所涉及的不同利益主体之间的利益关系平衡,以及推动土地再开发顺利展开与实施中的制度体制等内容缺乏深入讨论。未来需要进一步对土地再开发中的政府、开发商以及业主等利益主体的相关内容展开研究,同时需要对土地再开发的制度、组织实施及公众参与规划等内容进行探讨。

本书虽结合东莞市案例进行了土地再开发潜力的预测,今后仍需通过在各地进行的更多的再开发规划实践来进一步磨合再开发潜力预测与再开发规划方案编制之间的耦合关系。

附表 1
城乡用地分类和代码

<table>
<tr><th colspan="3">类别代码</th><th rowspan="2">类别名称</th><th rowspan="2">内容</th></tr>
<tr><th>大类</th><th>中类</th><th>小类</th></tr>
<tr><td rowspan="17">H</td><td colspan="2"></td><td>建设用地</td><td>包括城乡居民点建设用地、区域交通设施用地、区域公用设施用地、特殊用地、采矿用地及其他建设用地等</td></tr>
<tr><td rowspan="5">H1</td><td></td><td>城乡居民点建设用地</td><td>城市、镇、乡、村庄建设用地</td></tr>
<tr><td>H11</td><td>城市建设用地</td><td>城市内的居住用地、公共管理与公共服务设施用地、商业服务业设施用地、工业用地、物流仓储用地、道路与交通设施用地、公用设施用地、绿地与广场用地</td></tr>
<tr><td>H12</td><td>镇建设用地</td><td>镇人民政府驻地的建设用地</td></tr>
<tr><td>H13</td><td>乡建设用地</td><td>乡人民政府驻地的建设用地</td></tr>
<tr><td>H14</td><td>村庄建设用地</td><td>农村居民点的建设用地</td></tr>
<tr><td rowspan="6">H2</td><td></td><td>区域交通设施用地</td><td>铁路、公路、港口、机场和管道运输等区域交通运输及其附属设施用地，不包括城市建设用地范围内的铁路客货运站、公路长途客货运站以及港口客运码头</td></tr>
<tr><td>H21</td><td>铁路用地</td><td>铁路编组站、线路等用地</td></tr>
<tr><td>H22</td><td>公路用地</td><td>国道、省道、县道和乡道用地及附属设施用地</td></tr>
<tr><td>H23</td><td>港口用地</td><td>海港和河港的陆域部分，包括码头作业区、辅助生产区等用地</td></tr>
<tr><td>H24</td><td>机场用地</td><td>民用及军民合用的机场用地，包括飞行区、航站区等用地，不包括净空控制范围用地</td></tr>
<tr><td>H25</td><td>管道运输用地</td><td>运输煤炭、石油和天然气等地面管道运输用地，地下管道运输规定的地面控制范围内的用地应按其地面实际用途归类</td></tr>
<tr><td>H3</td><td></td><td>区域公用设施用地</td><td>为区域服务的公用设施用地，包括区域性能源设施、水工设施、通信设施、广播电视设施、殡葬设施、环卫设施、排水设施等用地</td></tr>
<tr><td rowspan="3">H4</td><td></td><td>特殊用地</td><td>特殊性质的用地</td></tr>
<tr><td>H41</td><td>军事用地</td><td>专门用于军事目的的设施用地，不包括部队家属生活区和军民共用设施等用地</td></tr>
<tr><td>H42</td><td>安保用地</td><td>监狱、拘留所、劳改场所和安全保卫设施等用地，不包括公安局用地</td></tr>
</table>

续表

类别代码			类别名称	内容
大类	中类	小类		
H	H5		采矿用地	采矿、采石、采沙、盐田、砖瓦窑等地面生产用地及尾矿堆放地
	H9		其他建设用地	除以上之外的建设用地，包括边境口岸和风景名胜区、森林公园等的管理及服务设施等用地
E			非建设用地	水域、农林用地及其他非建设用地等
	E1		水域	河流、湖泊、水库、坑塘、沟渠、滩涂、冰川及永久积雪
		E11	自然水域	河流、湖泊、滩涂、冰川及永久积雪
		E12	水库	人工拦截汇集而成的总库容不小于 10 万 m^3 的水库正常蓄水位岸线所围成的水面
		E13	坑塘沟渠	蓄水量小于 10 万 m^3 的坑塘水面和人工修建用于引、排、灌的渠道
	E2		农林用地	耕地、园地、林地、牧草地、设施农用地、田坎、农村道路等用地
	E9		其他非建设用地	空闲地、盐碱地、沼泽地、沙地、裸地、不用于畜牧业的草地等用地

资料来源:《城市用地分类与规划建设用地标准》GB 50137—2011

附表 2
城市建设用地分类和代码

<table>
<tr><th colspan="3">类别代码</th><th rowspan="2">类别名称</th><th rowspan="2">内容</th></tr>
<tr><th>大类</th><th>中类</th><th>小类</th></tr>
<tr><td rowspan="10">R</td><td colspan="2"></td><td>居住用地</td><td>住宅和相应服务设施的用地</td></tr>
<tr><td rowspan="3">R1</td><td></td><td>一类居住用地</td><td>设施齐全、环境良好，以低层住宅为主的用地</td></tr>
<tr><td>R11</td><td>住宅用地</td><td>住宅建筑用地及其附属道路、停车场、小游园等用地</td></tr>
<tr><td>R12</td><td>服务设施用地</td><td>居住小区及小区级以下的幼托、文化、体育、商业、卫生服务、养老助残、公用设施等用地，不包括中小学用地</td></tr>
<tr><td rowspan="3">R2</td><td></td><td>二类居住用地</td><td>设施较齐全、环境良好，以多、中、高层住宅为主的用地</td></tr>
<tr><td>R21</td><td>住宅用地</td><td>住宅建筑用地（含保障性住宅用地）及其附属道路、停车场、小游园等用地</td></tr>
<tr><td>R22</td><td>服务设施用地</td><td>居住小区及小区级以下的幼托、文化、体育、商业、卫生服务、养老助残、公用设施等用地，不包括中小学用地</td></tr>
<tr><td rowspan="3">R3</td><td></td><td>三类居住用地</td><td>设施较欠缺、环境较差，以需要加以改造的简陋住宅为主的用地，包括危房、棚户区、临时住宅等用地</td></tr>
<tr><td>R31</td><td>住宅用地</td><td>住宅建筑用地及其附属道路、停车场、小游园等用地</td></tr>
<tr><td>R32</td><td>服务设施用地</td><td>居住小区及小区级以下的幼托、文化、体育、商业、卫生服务、养老助残、公用设施等用地，不包括中小学用地</td></tr>
<tr><td rowspan="5">A</td><td colspan="2"></td><td>公共管理与公共服务设施用地</td><td>行政、文化、教育、体育、卫生等机构和设施的用地，不包括居住用地中的服务设施用地</td></tr>
<tr><td>A1</td><td></td><td>行政办公用地</td><td>党政机关、社会团体、事业单位等办公机构及其相关设施用地</td></tr>
<tr><td rowspan="3">A2</td><td></td><td>文化设施用地</td><td>图书、展览等公共文化活动设施用地</td></tr>
<tr><td>A21</td><td>图书展览用地</td><td>公共图书馆、博物馆、档案馆、科技馆、纪念馆、美术馆和展览馆、会展中心等设施用地</td></tr>
<tr><td>A22</td><td>文化活动用地</td><td>综合文化活动中心、文化馆、青少年宫、儿童活动中心、老年活动中心等设施用地</td></tr>
</table>

续表

类别代码			类别名称	内容
大类	中类	小类		
A	A3		教育科研用地	高等院校、中等专业学校、中学、小学、科研事业单位及其附属设施用地，包括为学校配建的独立地段的学生生活用地
		A31	高等院校用地	大学、学院、专科学校、研究生院、电视大学、党校、干部学校及其附属设施用地，包括军事院校用地
		A32	中等专业学校用地	中等专业学校、技工学校、职业学校等用地，不包括附属于普通中学内的职业高中用地
		A33	中小学用地	中学、小学用地
		A34	特殊教育用地	聋、哑、盲人学校及工读学校等用地
		A35	科研用地	科研事业单位用地
	A4		体育用地	体育场馆和体育训练基地等用地，不包括学校等机构专用的体育设施用地
		A41	体育场馆用地	室内外体育运动用地，包括体育场馆、游泳场馆、各类球场及其附属的业余体校等用地
		A42	体育训练用地	为体育运动专设的训练基地用地
	A5		医疗卫生用地	医疗、保健、卫生、防疫、康复和急救设施等用地
		A51	医院用地	综合医院、专科医院、社区卫生服务中心等用地
		A52	卫生防疫用地	卫生防疫站、专科防治所、检验中心和动物检疫站等用地
		A53	特殊医疗用地	对环境有特殊要求的传染病、精神病等专科医院用地
		A59	其他医疗卫生用地	急救中心、血库等用地
	A6		社会福利用地	为社会提供福利和慈善服务的设施及其附属设施用地，包括福利院、养老院、孤儿院等用地
	A7		文物古迹用地	具有保护价值的古遗址、古墓葬、古建筑、石窟寺、近代代表性建筑、革命纪念建筑等用地。不包括已作其他用途的文物古迹用地
	A8		外事用地	外国驻华使馆、领事馆、国际机构及其生活设施等用地
	A9		宗教用地	宗教活动场所用地
B			商业服务业设施用地	商业、商务、娱乐康体等设施用地，不包括居住用地中的服务设施用地
	B1		商业用地	商业及餐饮、旅馆等服务业用地
		B11	零售商业用地	以零售功能为主的商铺、商场、超市、市场等用地
		B12	批发市场用地	以批发功能为主的市场用地
		B13	餐饮用地	饭店、餐厅、酒吧等用地
		B14	旅馆用地	宾馆、旅馆、招待所、服务型公寓、度假村等用地
	B2		商务用地	金融保险、艺术传媒、技术服务等综合性办公用地
		B21	金融保险用地	银行、证券期货交易所、保险公司等用地
		B22	艺术传媒用地	文艺团体、影视制作、广告传媒等用地

续表

类别代码			类别名称	内容
大类	中类	小类		
B	B2	B29	其他商务用地	贸易、设计、咨询等技术服务办公用地
	B3		娱乐康体用地	娱乐、康体等设施用地
		B31	娱乐用地	剧院、音乐厅、电影院、歌舞厅、网吧以及绿地率小于65%的大型游乐等设施用地
		B32	康体用地	赛马场、高尔夫、溜冰场、跳伞场、摩托车场、射击场，以及通用航空、水上运动的陆域部分等用地
	B4		公用设施营业网点用地	零售加油、加气、电信、邮政等公用设施营业网点用地
		B41	加油加气站用地	零售加油、加气、充电站等用地
		B49	其他公用设施营业网点用地	独立地段的电信、邮政、供水、燃气、供电、供热等其他公用设施营业网点用地
	B9		其他服务设施用地	业余学校、民营培训机构、私人诊所、殡葬、宠物医院、汽车维修站等其他服务设施用地
M			工业用地	工矿企业的生产车间、库房及其附属设施用地，包括专用铁路、码头和附属道路、停车场等用地，不包括露天矿用地
	M1		一类工业用地	对居住和公共环境基本无干扰、污染和安全隐患的工业用地
	M2		二类工业用地	对居住和公共环境有一定干扰、污染和安全隐患的工业用地
	M3		三类工业用地	对居住和公共环境有严重干扰、污染和安全隐患的工业用地
W			物流仓储用地	物资储备、中转、配送等用地，包括附属道路、停车场以及货运公司车队的站场等用地
	W1		一类物流仓储用地	对居住和公共环境基本无干扰、污染和安全隐患的物流仓储用地
	W2		二类物流仓储用地	对居住和公共环境有一定干扰、污染和安全隐患的物流仓储用地
	W3		三类物流仓储用地	易燃、易爆和剧毒等危险品的专用物流仓储用地
S			道路与交通设施用地	城市道路、交通设施等用地，不包括居住用地、工业用地等内部的道路、停车场等用地
	S1		城市道路用地	快速路、主干路、次干路和支路等用地，包括其交叉口用地
	S2		城市轨道交通用地	独立地段的城市轨道交通地面以上部分的线路、站点用地
	S3		交通枢纽用地	铁路客货运站、公路长途客运站、港口客运码头、公交枢纽及其附属设施用地
	S4		交通场站用地	交通服务设施用地，不包括交通指挥中心、交通队用地
		S41	公共交通场站用地	城市轨道交通车辆基地及附属设施，公共汽（电）车首末站、停车场（库）、保养场，出租汽车场站设施等用地，以及轮渡、缆车、索道等的地面部分及其附属设施用地

续表

类别代码			类别名称	内容
大类	中类	小类		
S	S4	S42	社会停车场用地	独立地段的公共停车场和停车库用地，不包括其他各类用地配建的停车场和停车库用地
	S9		其他交通设施用地	除以上之外的交通设施用地，包括教练场等用地
U			公用设施用地	供应、环境、安全等设施用地
	U1		供应设施用地	供水、供电、供燃气和供热等设施用地
		U11	供水用地	城市取水设施、自来水厂、再生水厂、加压泵站、高位水池等设施用地
		U12	供电用地	变电站、开闭所、变配电所等设施用地，不包括电厂用地。高压走廊下规定的控制范围内的用地应按其地面实际用途归类
		U13	供燃气用地	分输站、门站、储气站、加气母站、液化石油气储配站、灌瓶站和地面输气管廊等设施用地，不包括制气厂用地
		U14	供热用地	集中供热锅炉房、热力站、换热站和地面输热管廊等设施用地
		U15	通信用地	邮政中心局、邮政支局、邮件处理中心、电信局、移动基站、微波站等设施用地
		U16	广播电视用地	广播电视的发射、传输和监测设施用地，包括无线电收信区、发信区以及广播电视发射台、转播台、差转台、监测站等设施用地
	U2		环境设施用地	雨水、污水、固体废物处理等环境保护设施及其附属设施用地
		U21	排水用地	雨水泵站、污水泵站、污水处理、污泥处理厂等设施及其附属的构筑物用地，不包括排水河渠用地
		U22	环卫用地	生活垃圾、医疗垃圾、危险废物处理（置），以及垃圾转运、公厕、车辆清洗、环卫车辆停放修理等设施用地
	U3		安全设施用地	消防、防洪等保卫城市安全的公用设施及其附属设施用地
		U31	消防用地	消防站、消防通信及指挥训练中心等设施用地
		U32	防洪用地	防洪堤、防洪枢纽、排洪沟渠等设施用地
	U9		其他公用设施用地	除以上之外的公用设施用地，包括施工、养护、维修等设施用地
G			绿地与广场用地	公园绿地、防护绿地、广场等公共开放空间用地
	G1		公园绿地	向公众开放，以游憩为主要功能，兼具生态、美化、防灾等作用的绿地
	G2		防护绿地	具有卫生、隔离和安全防护功能的绿地
	G3		广场用地	以游憩、纪念、集会和避险等功能为主的城市公共活动场地

资料来源：《城市用地分类与规划建设用地标准》GB 50137—2011

附表 3
镇用地的分类和代号

<table>
<tr><th colspan="2">类别代号</th><th rowspan="2">类别名称</th><th rowspan="2">范围</th></tr>
<tr><th>大类</th><th>小类</th></tr>
<tr><td rowspan="3">R</td><td></td><td>居住用地</td><td>各类居住建筑和附属设施及其间距和内部小路、场地、绿化等用地；不包括路面宽度等于和大于 6m 的道路用地</td></tr>
<tr><td>R1</td><td>一类居住用地</td><td>以一～三层为主的居住建筑和附属设施及其间距内的用地，含宅间绿地、宅间路用地；不包括宅基地以外的生产性用地</td></tr>
<tr><td>R2</td><td>二类居住用地</td><td>以四层和四层以上为主的居住建筑和附属设施及其间距、宅间路、组群绿化用地</td></tr>
<tr><td rowspan="7">C</td><td></td><td>公共设施用地</td><td>各类公共建筑及其附属设施、内部道路、场地、绿化等用地</td></tr>
<tr><td>C1</td><td>行政管理用地</td><td>政府、团体、经济、社会管理机构等用地</td></tr>
<tr><td>C2</td><td>教育机构用地</td><td>托儿所、幼儿园、小学、中学及专科院校、成人教育及培训机构等用地</td></tr>
<tr><td>C3</td><td>文体科技用地</td><td>文化、体育、图书、科技、展览、娱乐、度假、文物、纪念、宗教等设施用地</td></tr>
<tr><td>C4</td><td>医疗保健用地</td><td>医疗、防疫、保健、休疗养等机构用地</td></tr>
<tr><td>C5</td><td>商业金融用地</td><td>各类商业服务业的店铺，银行、信用、保险等机构，及其附属设施用地</td></tr>
<tr><td>C6</td><td>集贸市场用地</td><td>集市贸易的专用建筑和场地；不包括临时占用街道、广场等设摊用地</td></tr>
<tr><td rowspan="5">M</td><td></td><td>生产设施用地</td><td>独立设置的各种生产建筑及其设施和内部道路、场地、绿化等用地</td></tr>
<tr><td>M1</td><td>一类工业用地</td><td>对居住和公共环境基本无干扰、无污染的工业，如缝纫、工艺品制作等工业用地</td></tr>
<tr><td>M2</td><td>二类工业用地</td><td>对居住和公共环境有一定干扰和污染的工业，如纺织、食品、机械等工业用地</td></tr>
<tr><td>M3</td><td>三类工业用地</td><td>对居住和公共环境有严重干扰、污染和易燃易爆的工业，如采矿、冶金、建材、造纸、制革、化工等工业用地</td></tr>
<tr><td>M4</td><td>农业服务设施用地</td><td>各类农产品加工和服务设施用地；不包括农业生产建筑用地</td></tr>
</table>

续表

类别代号		类别名称	范围
大类	小类		
W		仓储用地	物资的中转仓库、专业收购和储存建筑、堆场及其附属设施、道路、场地、绿化等用地
	W1	普通仓储用地	存放一般物品的仓储用地
	W2	危险品仓储用地	存放易燃、易爆、剧毒等危险品的仓储用地
T		对外交通用地	镇对外交通的各种设施用地
	T1	公路交通用地	规划范围内的路段、公路站场、附属设施等用地
	T2	其他交通用地	规划范围内的铁路、水路及其他对外交通路段、站场和附属设施等用地
S		道路广场用地	规划范围内的道路、广场、停车场等设施用地，不包括各类用地中的单位内部道路和停车场地
	S1	道路用地	规划范围内路面宽度等于和大于6m的各种道路、交叉口等用地
	S2	广场用地	公共活动广场、公共使用的停车场用地，不包括各类用地内部的场地
U		工程设施用地	各类公用工程和环卫设施以及防灾设施用地，包括其建筑物、构筑物及管理、维修设施等用地
	U1	公用工程用地	给水、排水、供电、邮政、通信、燃气、供热、交通管理、加油、维修、殡仪等设施用地
	U2	环卫设施用地	公厕、垃圾站、环卫站、粪便和生活垃圾处理设施等用地
	U3	防灾设施用地	各项防灾设施的用地，包括消防、防洪、防风等
G		绿地	各类公共绿地、防护绿地；不包括各类用地内部的附属绿化用地
	G1	公共绿地	面向公众、有一定游憩设施的绿地，如公园、路旁或临水宽度等于和大于5m的绿地
	G2	防护绿地	用于安全、卫生、防风等的防护绿地
E		水域和其他用地	规划范围内的水域、农林用地、牧草地、未利用地、各类保护区和特殊用地等
	E1	水域	江河、湖泊、水库、沟渠、池塘、滩涂等水域；不包括公园绿地中的水面
	E2	农林用地	以生产为目的的农林用地，如农田、菜地、园地、林地、苗圃、打谷场以及农业生产建筑等
	E3	牧草和养殖用地	生长各种牧草的土地及各种养殖场用地等
	E4	保护区	水源保护区、文物保护区、风景名胜区、自然保护区等
	E5	墓地	
	E6	未利用地	未使用和尚不能使用的裸岩、陡坡地、沙荒地等
	E7	特殊用地	军事、保安等设施用地；不包括部队家属生活区等用地

资料来源：《镇规划标准》GB 50188—2007

附表 4
村庄规划用地分类和代码

类别代码			类别名称	内容
大类	中类	小类		
V			村庄建设用地	村庄各类集体建设用地，包括村民住宅用地、村庄公共服务用地、村庄产业用地、村庄基础设施用地及村庄其他建设用地等
	V1		村民住宅用地	村民住宅及其附属用地
		V11	住宅用地	只用于居住的村民住宅用地
		V12	混合式住宅用地	兼具小卖部、小超市、农家乐等功能的村民住宅用地
	V2		村庄公共服务用地	用于提供基本公共服务的各类集体建设用地，包括公共服务设施用地、公共场地
		V21	村庄公共服务设施用地	包括公共管理、文体、教育、医疗卫生、社会福利、宗教、文物古迹等设施用地以及兽医站、农机站等农业生产服务设施用地
		V22	村庄公共场地	用于村民活动的公共开放空间用地，包括小广场、小绿地等
	V3		村庄产业用地	用于生产经营的各类集体建设用地，包括村庄商业服务业设施用地、村庄生产仓储用地
		V31	村庄商业服务业设施用地	包括小超市、小卖部、小饭馆等配套商业、集贸市场以及村集体用于旅游接待的设施用地等
		V32	村庄生产仓储用地	用于工业生产、物资中转、专业收购和存储的各类集体建设用地，包括手工业、食品加工、仓库、堆场等用地
	V4		村庄基础设施用地	村庄道路、交通和公用设施等用地
		V41	村庄道路用地	村庄内的各类道路用地
		V42	村庄交通设施用地	包括村庄停车场、公交站点等交通设施用地
		V43	村庄公用设施用地	包括村庄给排水、供电、供气、供热和能源等工程设施用地；公厕、垃圾站、粪便和垃圾处理设施等用地；消防、防洪等防灾设施用地
	V9		村庄其他建设用地	未利用及其他需进一步研究的村庄集体建设用地

续表

类别代码			类别名称	内容
大类	中类	小类		
N			非村庄建设用地	除村庄集体用地之外的建设用地
	N1		对外交通设施用地	包括村庄对外联系道路、过境公路和铁路等交通设施用地
	N2		国有建设用地	包括公用设施用地、特殊用地、采矿用地以及边境口岸、风景名胜区和森林公园的管理和服务设施用地等
E			非建设用地	水域、农林用地及其他非建设用地
	E1		水域	河流、湖泊、水库、坑塘、沟渠、滩涂、冰川及永久积雪
		E11	自然水域	河流、湖泊、滩涂、冰川及永久积雪
		E12	水库	人工拦截汇集而成具有水利调蓄功能的水库正常蓄水位岸线所围成的水面
		E13	坑塘沟渠	人工开挖或天然形成的坑塘水面以及人工修建用于引、排、灌的渠道
	E2		农林用地	耕地、园地、林地、牧草地、设施农用地、田坎、农用道路等用地
		E21	设施农用地	直接用于经营性养殖的畜禽舍、工厂化作物栽培或水产养殖的生产设施用地及其相应附属设施用地，农村宅基地以外的晾晒场等农业设施用地
		E22	农用道路	田间道路（含机耕道）、林道等
		E23	其他农林用地	耕地、园地、林地、牧草地、田坎等土地
	E9		其他非建设用地	空闲地、盐碱地、沼泽地、沙地、裸地、不用于畜牧业的草地等用地

资料来源：《住房城乡建设部关于印发〈村庄规划用地分类指南〉的通知》（建村〔2014〕98号）

附表 5
土地利用现状分类和编码

一级类		二级类		含义
编码	名称	编码	名称	
01	耕地			指种植农作物的土地，包括熟地，新开发、复垦、整理地，休闲地（含轮歇地、休耕地）；以种植农作物（含蔬菜）为主，间有零星果树、桑树或其他树木的土地；平均每年能保证收获一季的已垦滩地和海涂。耕地中包括南方宽度＜1.0m，北方宽度＜2.0m固定的沟、渠、路和地坎（埂）；临时种植药材、草皮、花卉、苗木等的耕地，临时种植果树、茶树和林木且耕作层未破坏的耕地，以及其他临时改变用途的耕地
		0101	水田	指用于种植水稻、莲藕等水生农作物的耕地。包括实行水生、旱生农作物轮种的耕地
		0102	水浇地	指有水源保证和灌溉设施，在一般年景能正常灌溉，种植旱生农作物（含蔬菜）的耕地。包括种植蔬菜的非工厂化的大棚用地
		0103	旱地	指无灌溉设施，主要靠天然降水种植旱生农作物的耕地，包括没有灌溉设施，仅靠引洪淤灌的耕地
02	园地			指种植以采集果、叶、根、茎、汁等为主的集约经营的多年生木本和草本作物，覆盖度大于50%或每亩株数大于合理株数70%的土地。包括用于育苗的土地
		0201	果园	指种植果树的园地
		0202	茶园	指种植茶树的园地
		0203	橡胶园	指种植橡胶树的园地
		0204	其他园地	指种植桑树、可可、咖啡、油棕、胡椒、药材等其他多年生作物的园地
03	林地			指生长乔木、竹类、灌木的土地，及沿海生长红树林的土地。包括迹地，不包括城镇、村庄范围内的绿化林木用地，铁路、公路征地范围内的林木，以及河流、沟渠的护堤林
		0301	乔木林地	指乔木郁闭度≥0.2的林地，不包括森林沼泽
		0302	竹林地	指生长竹类植物，郁闭度≥0.2的林地

续表

一级类		二级类		含义
编码	名称	编码	名称	
03	林地	0303	红树林地	指沿海生长红树植物的林地
		0304	森林沼泽	以乔木森林植物为优势群落的淡水沼泽
		0305	灌木林地	指灌木覆盖度≥ 40% 的林地，不包括灌丛沼泽
		0306	灌丛沼泽	以灌丛植物为优势群落的淡水沼泽
		0307	其他林地	包括疏林地（树木郁闭度≥ 0.1、<0.2 的林地）、未成林地、迹地、苗圃等林地
04	草地			指生长草本植物为主的土地
		0401	天然牧草地	指以天然草本植物为主，用于放牧或割草的草地，包括实施禁牧措施的草地，不包括沼泽草地
		0402	沼泽草地	指以天然草本植物为主的沼泽化的低地草甸、高寒草甸
		0403	人工牧草地	指人工种植牧草的草地
		0404	其他草地	指树木郁闭度< 0.1，表层为土质，不用于放牧的草地
05	商服用地			指主要用于商业、服务业的土地
		0501	零售商业用地	以零售功能为主的商铺、商场、超市、市场和加油、加气、充换电站等的用地
		0502	批发市场用地	以批发功能为主的市场用地
		0503	餐饮用地	饭店、餐厅、酒吧等用地
		0504	旅馆用地	宾馆、旅馆、招待所、服务型公寓、度假村等用地
		0505	商务金融用地	指商务服务用地，以及经营性的办公场所用地。包括写字楼、商业性办公场所、金融活动场所和企业厂区外独立的办公场所；信息网络服务、信息技术服务、电子商务服务、广告传媒等用地
		0506	娱乐用地	指剧院、音乐厅、电影院、歌舞厅、网吧、影视城、仿古城以及绿地率小于 65% 的大型游乐等设施用地
		0507	其他商服用地	指零售商业、批发市场、餐饮、旅馆、商务金融、娱乐用地以外的其他商业、服务业用地。包括洗车场、洗染店、照相馆、理发美容店、洗浴场所、赛马场、高尔夫球场、废旧物资回收站、机动车、电子产品和日用产品修理网点、物流营业网点，及居住小区及小区级以下的配套的服务设施等用地
06	工矿仓储用地			指主要用于工业生产、物资存放场所的土地
		0601	工业用地	指工业生产、产品加工制造、机械和设备修理及直接为工业生产等服务的附属设施用地
		0602	采矿用地	指采矿、采石、采砂（沙）场，砖瓦窑等地面生产用地，排土（石）及尾矿堆放地
		0603	盐田	指用于生产盐的土地，包括晒盐场所、盐池及附属设施用地
		0604	仓储用地	指用于物资储备、中转的场所用地，包括物流仓储设施、配送中心、转运中心等

续表

一级类		二级类		含义
编码	名称	编码	名称	
07	住宅用地			指主要用于人们生活居住的房基地及其附属设施的土地
		0701	城镇住宅用地	指城镇用于生活居住的各类房屋用地及其附属设施用地，不含配套的商业服务设施等用地
		0702	农村宅基地	指农村用于生活居住的宅基地
08	公共管理与公共服务用地			指用于机关团体、新闻出版、科教文卫、公用设施等的土地
		0801	机关团体用地	指用于党政机关、社会团体、群众自治组织等的用地
		0802	新闻出版用地	指用于广播电台、电视台、电影厂、报社、杂志社、通讯社、出版社等的用地
		0803	教育用地	指用于各类教育用地，包括高等院校、中等专业学校、中学、小学、幼儿园及其附属设施用地，聋、哑、盲人学校及工读学校用地，以及为学校配建的独立地段的学生生活用地
		0804	科研用地	指独立的科研、勘察、研发、设计、检验检测、技术推广、环境评估与监测、科普等科研事业单位及其附属设施用地
		0805	医疗卫生用地	指医疗、保健、卫生、防疫、康复和急救设施等用地。包括综合医院、专科医院、社区卫生服务中心等用地，卫生防疫站、专科防治所、检验中心和动物检疫站等用地；对环境有特殊要求的传染病、精神病等专科医院用地；急救中心、血库等用地
		0806	社会福利用地	指为社会提供福利和慈善服务的设施及其附属设施用地。包括福利院、养老院、孤儿院等用地
		0807	文化设施用地	指图书、展览等公共文化活动设施用地。包括公共图书馆、博物馆、档案馆、科技馆、纪念馆、美术馆和展览馆等设施用地；综合文化活动中心、文化馆、青少年宫、儿童活动中心、老年活动中心等设施用地
		0808	体育用地	指体育场馆和体育训练基地等用地，包括室内外体育运动用地，如体育场馆、游泳场馆、各类球场及其附属的业余体校等用地，溜冰场、跳伞场、摩托车场、射击场，以及水上运动的陆域部分等用地，以及为体育运动专设的训练基地用地，不包括学校等机构专用的体育设施用地
		0809	公用设施用地	指用于城乡基础设施的用地。包括供水、排水、污水处理、供电、供热、供气、邮政、电信、消防、环卫、公用设施维修等用地
		0810	公园与绿地	指城镇、村庄范围内的公园、动物园、植物园、街心花园、广场和用于休憩、美化环境及防护的绿化用地
09	特殊用地			指用于军事设施、涉外、宗教、监教、殡葬、风景名胜等的土地
		0901	军事设施用地	指直接用于军事目的的设施用地
		0902	使领馆用地	指用于外国政府及国际组织驻华使领馆、办事处等的用地
		0903	监教场所用地	指用于监狱、看守所、劳改场、戒毒所等的建筑用地
		0904	宗教用地	指专门用于宗教活动的庙宇、寺院、道观、教堂等宗教自用地
		0905	殡葬用地	指陵园、墓地、殡葬场所用地

续表

一级类		二级类		含义
编码	名称	编码	名称	
09	特殊用地	0906	风景名胜设施用地	指风景名胜景点（包括名胜古迹、旅游景点、革命遗址、自然保护区、森林公园、地质公园、湿地公园等）的管理机构，以及旅游服务设施的建筑用地。景区内的其他用地按现状归入相应地类
10	交通运输用地			指用于运输通行的地面线路、场站等的土地。包括民用机场、汽车客货运场站、港口、码头、地面运输管道和各种道路以及轨道交通用地
		1001	铁路用地	指用于铁道线路及场站的用地。包括征地范围内的路堤、路堑、道沟、桥梁、林木等用地
		1002	轨道交通用地	指用于轻轨、现代有轨电车、单轨等轨道交通用地，以及场站的用地
		1003	公路用地	指用于国道、省道、县道和乡道的用地。包括征地范围内的路堤、路堑、道沟、桥梁、汽车停靠站、林木及直接为其服务的附属用地
		1004	城镇村道路用地	指城镇、村庄范围内公用道路及行道树用地，包括快速路、主干路、次干路、支路、专用人行道和非机动车道，及其交叉口等
		1005	交通服务场站用地	指城镇、村庄范围内交通服务设施用地，包括公交枢纽及其附属设施用地、公路长途客运站、公共交通场站、公共停车场（含设有充电桩的停车场）、停车楼、教练场等用地，不包括交通指挥中心、交通队用地
		1006	农村道路	在农村范围内，南方宽度≥ 1.0m、≤ 8m，北方宽度≥ 2.0m、≤ 8m，用于村间、田间交通运输，并在国家公路网络体系之外，以服务于农村农业生产为主要用途的道路（含机耕道）
		1007	机场用地	指用于民用机场、军民合用机场的用地
		1008	港口码头用地	指用于人工修建的客运、货运、捕捞及工程、工作船舶停靠的场所及其附属建筑物的用地，不包括常水位以下部分
		1009	管道运输用地	指用于运输煤炭、矿石、石油、天然气等管道及其相应附属设施的地上部分用地
11	水域及水利设施用地			指陆地水域，滩涂、沟渠、沼泽、水工建筑物等用地。不包括滞洪区和已垦滩涂中的耕地、园地、林地、城镇、村庄、道路等用地
		1101	河流水面	指天然形成或人工开挖河流常水位岸线之间的水面，不包括被堤坝拦截后形成的水库区段水面
		1102	湖泊水面	指天然形成的积水区常水位岸线所围成的水面
		1103	水库水面	指人工拦截汇集而成的总设计库容≥ 10 万 m^3 的水库正常蓄水位岸线所围成的水面
		1104	坑塘水面	指人工开挖或天然形成的蓄水量＜ 10 万 m^3 的坑塘常水位岸线所围成的水面
		1105	沿海滩涂	指沿海大潮高潮位与低潮位之间的潮浸地带。包括海岛的沿海滩涂。不包括已利用的滩涂
		1106	内陆滩涂	指河流、湖泊常水位至洪水位间的滩地；时令湖、河洪水位以下的滩地；水库、坑塘的正常蓄水位与洪水位间的滩地。包括海岛的内陆滩地。不包括已利用的滩地

续表

一级类		二级类		含义
编码	名称	编码	名称	
11	水域及水利设施用地	1107	沟渠	指人工修建，南方宽度≥ 1.0m、北方宽度≥ 2.0m 用于引、排、灌的渠道，包括渠槽、渠堤、护堤林及小型泵站
		1108	沼泽地	指经常积水或渍水，一般生长湿生植物的土地。包括草本沼泽、苔藓沼泽、内陆盐沼等。不包括森林沼泽、灌丛沼泽和沼泽草地
		1109	水工建筑用地	指人工修建的闸、坝、堤路林、水电厂房、扬水站等常水位岸线以上的建（构）筑物用地
		1110	冰川及永久积雪	指表层被冰雪常年覆盖的土地
12	其他土地			指上述地类以外的其他类型的土地
		1201	空闲地	指城镇、村庄、工矿范围内尚未使用的土地。包括尚未确定用途的土地
		1202	设施农用地	指直接用于经营性畜禽养殖生产设施及附属设施用地；直接用于作物栽培或水产养殖等农产品生产的设施及附属设施用地；直接用于设施农业项目辅助生产的设施用地；晾晒场、粮食果品烘干设施、粮食和农资临时存放场所、大型农机具临时存放场所等规模化粮食生产所必需的配套设施用地
		1203	田坎	指梯田及梯状坡地耕地中，主要用于拦蓄水和护坡，南方宽度≥ 1.0m、北方宽度≥ 2.0m 的地坎
		1204	盐碱地	指表层盐碱聚集，生长天然耐盐植物的土地
		1205	沙地	指表层为沙覆盖、基本无植被的土地。不包括滩涂中的沙地
		1206	裸土地	指表层为土质，基本无植被覆盖的土地
		1207	裸岩石砾地	指表层为岩石或石砾，其覆盖面积≥ 70% 的土地

资料来源：《土地利用现状分类》GB/T 21010—2017

附表 6
土地规划分类及含义

一级类名称		二级类名称		三级类名称		含义
编号	名称	编号	名称	编号	名称	
1	农用地					指直接用于农用生产的土地，包括耕地、园地、林地、牧草地及其他农用地
		11	耕地			指种植农作物的土地，包括熟地、新开发复垦整理地、休闲地、轮歇地、草田轮作地；以种植农作物为主，间有零星果树，桑树或其他数目的土地；平均每年能保证收获一季的已垦滩地和滩涂。耕地中还包括南北宽 <1.0，北方宽 <2.0 的沟、渠、路和田埂
				111	水田	指用于种植水稻、莲藕等水生农作物的耕地。包括实行水生、旱生农作物轮作的土地
				112	水浇地	指有水源保证和灌溉设施，在一般年景能正常灌溉，种植旱生农作物的耕地，包括种植蔬菜等的非工厂化的大棚用地
				113	旱地	指无灌溉设施，主要靠天然降水灌溉种植旱地农作物的耕地，包括没有灌溉设施仅靠引洪淤灌的耕地
		12	园地			指种植以采集果、叶、根茎等为主的集约经营的多年的生木本和草本作物（含其苗圃），覆盖度大于 50% 或每亩有收益的株数达到合理株数 70% 的土地
		13	林地			指生长乔木、竹类、灌木，沿海红树林的土地。不包括居民点内绿化用地，以及铁路、公路、河流、沟渠的护路、护岸林
				131	有林地	指林地郁闭度≥ 0.2 的乔木林地，包括红树林地和竹林地
				132	灌木林	指灌木覆盖度≥ 40% 的林地
				133	其他林地	包括疏林地（林地郁闭度≥ 0.1，<0.2 的林地）、未成林地、迹地、苗圃等林地

续表

一级类名称		二级类名称		三级类名称		含义
编号	名称	编号	名称	编号	名称	
1	农用地	14	牧草地			指生长草本为主，用于畜牧业的土地
				141	天然草地	指天然草本植物为主，未经改良，用于放牧或割草的草地，包括以牧为主的疏林、灌木草地
				142	改良草地	指采用灌溉、排水、施肥、松耙、补植等方式进行改良的草地
				143	人工草地	指人工种植牧草的草地，包括人工培植用于牧业的灌木地
		15	其他农用地			指上述耕地、园地、林地、牧草地以外的农用地
				151	设施农用地	指直接用于经营性养殖的畜牧舍，工厂化作物栽培或水产养殖的生产设施用地及其相应附属用地，农村宅基地以外的晾晒场等农业设施用地
				152	农村道路	指公路用地以外的南方宽度≥ 1.0 米，北方宽度≥ 2.0 米的村间、田间道路（含机耕道）
				153	坑塘水面	指人工开挖或天然形成的蓄水量 <10 万立方米的坑塘常水位岸线所围成的水面
				154	农田水利用地	指农民、农村集体或其他农业企业等自建或联建的农田排灌沟渠及其相应附属设施用地
2	建设用地					指建造建筑物、构筑物的土地，包括居民点用地、独立工矿用地、特殊用地、风景旅游用地、交通用地、水利设施用地
		21	城乡建设用地			指城镇、农村区域已建造建筑物、构筑物的土地，包括城市、建制镇、农村居民点、采矿用地等
				211	城市	指城镇居民点，以及与城镇连片的和区政府、县级市政府所在地镇级辖区内的商服、住宅、工业、仓储、机关、学校等单位用地
				212	建制镇	指建制镇居民点，以及辖区内的商服、住宅、工业、仓储、学校等企事业单位用地
				213	农村居民点	指农村居民点，以及所属的商服、住宅、工矿、工业、仓储、学校等用地
				214	其他独立建设用地	指采矿地以外，对气候、环境、建设有特殊要求及其他不宜在居民点内配置的各类建筑用地
				215	采矿用地	指独立于居民点之外的采矿、采石、采砂（沙）场、砖瓦窑等地面生产用地及尾矿堆放地（不含盐田）
		22	交通水利用地			指城乡居民点之外的交通运输用地和水利设施用地。其中，交通运输用地是指用于运输通行的地面线路、场站等用地，包括公路、铁路、民用机场、港口、码头、管道运输及其附属设施用地；水利设施用地是指用于水库、水工建筑的土地
				221	铁路	指用于铁道线路、轻轨、场站的用地，包括设计内的路堤、路堑、道沟、桥梁、林木等用地

续表

一级类名称		二级类名称		三级类名称		含义
编号	名称	编号	名称	编号	名称	
2	建设用地	22	交通水利用地	222	公路	指用于国道、省道、县道和乡道的用地，包括设计内的路堤、路堑、道沟、桥梁、汽车停靠站、林木及直接为其服务的附属用地
				223	机场用地	指用于民用机场的用地
				224	港口码头	指用于人工修建的客运、货运、捕捞及工作船舶停靠的场所及其附属建筑物的用地，不包括常水位以下部分
				225	管理运输用地	指用于运输煤炭、石油、天然气等管道及其相应附属设施的地上部分用地
				226	水库水面	指人工拦截汇集而成的总库容≥ 10 万立方米的水库正常蓄水位岸线所围成的水面
				227	水工建筑用地	指除农田水利用地以外的人工修建的沟渠（包括渠槽、渠堤、护堤林）、闸、坝堤路林、水电站、扬水站等常水位岸线以上的水工建筑用地
		23	其他建设用地			是指城乡建设用地范围之外的风景名胜设施用地、特殊用地、盐地
				231	风景名胜设施用地	指城乡建设用地范围之外的风景名胜（包括名胜古迹、旅游景点、革命遗址等）、景点及管理机构的建筑用地
				232	特殊用地	指城乡建设用地范围之外的，用于军事设施、涉外、宗教、监教、殡葬等的土地
				233	盐地	指以经营盐田为目的，包括盐场及附属设施用地
3	未利用地					指农用地和建设用地以外的土地
		31	水域			指陆地河流、湖泊等水域用地，不包括滞洪区和已垦滩涂中的耕地、园地、林地、居民点、道路等用地
				311	河流水面	指天然形成或人工开挖河流常水位岸线之间的水面，不包括被堤坝拦截后形成的水库水面
				312	湖泊水面	指天然形成的积水区常水位岸线所围成的水面
				313	冰川及永久积雪	指表层被冰雪常年覆盖的土地
		32	滩涂沼泽			指苇地、滩涂、沼泽地等用地，不包括已垦滩涂中的耕地、园地、林地、居民点、道路等用地
				321	滩涂	指沿海大潮高潮位与低潮位之间的潮浸地带，河流、湖泊常水位至洪水位间的滩地；时令湖、河洪水位以下的滩地；水库、坑塘的正常蓄水位与最大洪水位间的滩地；生长芦苇的土地
				322	沼泽地	经常积水或渍水，一般生长湿生植物的土地

续表

一级类名称		二级类名称		三级类名称		含义
编号	名称	编号	名称	编号	名称	
3	未利用地	33	自然保留地			指目前还未利用的土地，包括难利用的土地
				331	荒草地	指树木郁闭度 <10%、表层为土质、生长杂草的土地，不包括盐碱地、沼泽地和裸地
				332	盐碱地	指表层盐碱聚集、生长自然耐盐植物的土地
				333	沙地	指表层为沙覆盖、基本无植物的土地，包括沙漠，不包括滩涂中的沙滩
				334	裸地	指表层为土质、基本无植被覆盖的土地；或表层为岩石、石砾，其覆盖面积≥ 70% 的土地；不包括高寒荒漠
				335	其他未利用土地	指包括高寒荒漠、苔原等尚未利用的土地

资料来源：《国土资源部办公厅关于印发市县乡级土地利用总体规划编制指导意见的通知》（国土资厅发〔2009〕51 号）

参考文献

[1] 王妍蕾 . 新型城镇化与土地制度改革中的核心问题 [J]. 经济与管理研究，2013（12）：48–52.

[2] 国土资源部 . 全国国土规划纲要（2016—2030 年）[EB/OL]. [2017-02-05]. http：//www.mlr.gov.cn/tdsc/tdgh/201702/t20170205_1435273.htm.

[3] 林贡钦，徐广林 . 国外著名湾区发展经验及对我国的启示 [J]. 深圳大学学报（人文社会科学版），2017，34（5）：25–31.

[4] 叶玉瑶，王翔宇，许吉黎，等 . 新时期粤港澳大湾区协同发展的内涵与机制变化 [J]. 热带地理，2022，42（2）：161–170.

[5] 钟韵，胡晓华 . 粤港澳大湾区的构建与制度创新：理论基础与实施机制 [J]. 经济学家，2017（12）：50–57.

[6] 马向明 . 粤港澳大湾区发展研究 [J]. 城市观察，2022（2）：4–5.

[7] 安炳榕 . 大同市小城镇规划发展研究 [D]. 太原：太原理工大学，2019.

[8] 闵师林 . 城市土地再开发 [M]. 上海：上海人民出版社，2006.

[9] 张婷婷 . 武汉市旧城土地再开发特征及其实施效果研究 [D]. 武汉：华中科技大学，2007.

[10] 邱雪忠 . 级差地租理论在旧城改造中的应用 [J]. 商场现代化，2007（6）：379–380.

[11] 曾艳艳 . 城市政体理论简析 [D]. 长春：吉林大学，2009.

[12] 盛洪 . 现代制度经济学 [M]. 北京：中国发展出版社，2009.

[13] 张坤民 . 可持续发展论 [M]. 北京：中国环境科学出版社，1997.

[14] BELLUSH J，HAUSKNECHT M. Urban renewal：people，politics，and planning[M]. New York：Doubleday，1967.

[15] MOLOTCH H. The city as a growth machine：toward political economy of place[J]. Journal of American Sociology，1976（2）：3–11.

[16] LOGAN J R，MOLOTCH H. Urban fortunes：the political economy of place[M]. Berkeley：University of California Press，1987.

[17] MOLLENKOPF J H. The contested city[M]. New York：University of Princeton Press，1983.

[18] HARVEY D. The urbanization of capital[M]. Oxford：Basil Blackwell，1985.

[19] KNOX P L，McCARTHY L. Urbanization：an introduction to urban geography[M]. Englewood Cliffs：Prentice Hall，2005.

[20] MACLAREN P M. Changing approaches to planning in an entrepreneurial city：the case of Dublin[J]. European Planning Studies，2001，9（4）：437–457.

[21] JACOBS K. Waterfront redevelopment：a critical discourse analysis of the policy–making process within the Cha–tham Maritime project[J]. Urban Studies，2004，41（4）：817–832.

[22] DUROSE C，LOWNDES V. Neighborhood governance：contested rationales within a multi–level setting：a study of Manchester[J]. Local Government Studies，2010，36（3）：341–359.

[23] ANDREW B，TIM H，MARGARET H. Selling cities：promoting new images for meetings tourism[J]. Cities，2002，19（1）：61–70.

[24] NORMA M R，DEBORAH L. Branding the design metropolis：the case of Montréal，Canada[J]. Area，2006，38（4）：364–376.

[25] POLLARD J S. From industrial district to 'urban village' ?manufacturing，money and consumption in Birmingham's Jewellery Quarter[J]. Urban Studies，2004，41（1）：173–193.

[26] McCARTHY J. The application of policy for cultural clustering：current practice in Scotland[J]. European Planning Studies，2006，14（3）：397–408.

[27] MASAYUKI S. Urban regeneration through cultural creativity and social inclusion：rethinking creative city theory through a Japanese case study[J]. Cities，2010，27（1）：S3–S9.

[28] GRODACH C. Beyond Bilbao：rethinking flagship cultural development and planning in three California cities[J]. Journal of Planning Education and Research，2010，29（3）：353–366.

[29] PONZINI D，ROSSI U. Becoming a creative city：the entrepreneurial mayor，network politics and the promise of an urban renaissance[J].Urban Studies，2010，47（5）：1037–1057.

[30] LIN C Y，HSING W C. Culture–led urban regeneration and community mobilisation：the case of the Taipei Baoan Temple Area，Taiwan[J].Urban Studies，2009，46（7）：1317–1342.

[31] SHARP J，POLLOCK V，PADDISON R. Just art for a just city：public art and social inclusion in urban regeneration[J]. Urban Studies，2005，42（6）：1001–1023.

[32] BROMLEY R D F，TALLON A R，THOMAS C J. City centre regeneration through residential development：contributing to sustainability[J]. Urban Studies，2005，42（13）：2407–2429.

[33] KOCABAS A. Urban conservation in Istanbul：evaluation and re–conceptualization[J]. Habitat International，2006，30（1）：107–126.

[34] WAKEFIELD S. Great expectations：waterfront redevelopment and the Hamilton Harbour Waterfront Trail[J]. Cities，2007（4）：298–310.

[35] SAGALY L B. Explaining the improbable：local development of federal cutbacks[J]. Journal of the American Planning Association，1990，56（4）：429–441.

[36] MEE K N. Property–led urban renewal in Hong Kong：any place for the community? [J]. Sustainable Development，2002，10（3）：140–146.

[37] FERNANDO D O. Madrid：urban regeneration projects and social mobilization[J].Cities，2007，24（3）：183–193.

[38] ROSSI U. The multiplex city：the process of urban change in the historic centre of Naples[J]. European urban and regional studies，2004，11（2）：156–169.

[39] HEMPHILL L，BERRY J，McGREAL S. An indicator–based approach to measuring sustainable urban regeneration performance（Part 1）：conceptual foundations and methodological framework[J]. Urban Studies，2004，41（4）：725–755.

[40] GIDRON B，KRAMER R M，SALAMON L M. Government and the third sector：emerging relationship in Welfare States[M]. San Francisco：Jossey–Bass Inc. Pub，1992.

[41] RACO M. The social relations of organizational activity and the new local governance in the UK[J]. Urban Studies，2002，39（3）：437–456.

[42] HENDERSON S，BOWLBY S，RACO M. Refashioning local government and inner–city regeneration：the Salford experience[J]. Urban Studies，2007，44（8）：1441–1463.

[43] MARK W. 'In the shadow of hierarchy': meta-governance, policy reform and urban regeneration in the West Midlands[J]. Area, 2003, 35 (1): 6–14.

[44] JONATHAN S D. Partnerships versus regimes: why regime theory cannot explain urban coalitions in the UK[J]. Journal of Urban Affairs, 2003, 25 (3): 253–270.

[45] DAVIES J S. Conjuncture or disjuncture? An institutionalize analysis of local regeneration partnerships in the UK[J]. International Journal of Urban and Regional Research, 2004, 28 (3): 570–588.

[46] SPAANS M, TRIP J J, WOUDEN R V D. Evaluating the impact of national government involvement in local redevelopment projects in the Netherlands[J]. Cities, 2013 (31): 29–36.

[47] PETERS B G. With a little help from our friend: public-private partnerships as institutions and instruments[M]//PIERRE J.Urban governance: european and american experience. Houndmills: Macmillan Press Ltd, 1997.

[48] Kim U IL, CHANG M L, KUN H A. Dongdaemun, a traditional market place wearing a modern suit: the importance of the social fabric in physical redevelopments[J]. Habitat International, 2004 (28): 143–161.

[49] JOHN E, NICHOLAS D. Privatism and partnership in urban regeneration[J]. Public Administration, 1992, 70 (3): 359–368.

[50] VIVIEN L, CHRIS S. Dynamics of multi-organizational partnerships: an analysis of changing modes of governance[J]. Public Administration, 1998, 76 (2): 313–333.

[51] WRIGLEY N, GUY C, LOWE M. Urban regeneration, social inclusion and large store development: the seacroft development in context[J]. Urban Studies, 2002, 39 (11): 2101–2114.

[52] LOWE M. The regional shopping centre in the inner city: a study of retail-led urban regeneration[J]. Urban Studies, 2005, 42 (3): 449–470.

[53] EVANS G. Measure for measure: evaluating the evidence of culture's contribution to regeneration[J]. Urban Studies, 2005, 42 (6): 959–983.

[54] CALVIN J. Mega-events and host-region impacts: determining the true worth of the 1999 Rugby World Cup[J]. International Journal of Tourism Research, 2001, 3 (3): 241–251.

[55] MILES S. 'Our tyne': Iconic regeneration and the revitalization of identity in Newcastle Gateshead[J]. Urban Studies, 2005, 42 (5): 913–926.

[56] SEO J K. Re-urbanization in regenerated areas of Manchester and Glasgow：new residents and the problems of sustainability[J]. Cities，2002，19（2）：113-121.

[57] ILKA W，RICK B. Exploring the realities of the sustainable city through the use and reuse of vacant industrial buildings[J]. European Environment，1997，7（6）：194-202.

[58] SEVERCAN Y C，BARLAS A. The conservation of industrial remains as a source of individuation and socialization[J]. International Journal of Urban and Regional Research，2007，31（3）：675-682.

[59] CHRISTIAN M R. Inner-city economic revitalization through cluster support：the Johannesburg clothing industry[J]. Urban Forum，2001，12（1）：49-70.

[60] RICHARDS G，WILSON J. The impact of cultural events on city image：Rotterdam，cultural capital of Europe 2001[J]. Urban Studies，2004，41（10）：1931-1951.

[61] LIDDLE J. Regeneration and economic development in Greece：de-industrialisation and uneven development[J]. Local Government Studies，2009，35（3）：335-354.

[62] McGREAL S，BERRY J，LLOYD G，et al. Tax-based mechanisms in urban regeneration：Dublin and Chicago models[J]. Urban Studies，2002，39（10）：1819-1831.

[63] GUY S，HENNEBERRY J，ROWLEY S. Development cultures and urban regeneration[J]. Urban Studies，2002，39（7）：1181-1196.

[64] YANG Y R，CHANG C H. An urban regeneration regime in China：a case study of urban redevelopment in Shanghai's Taipingqiao area[J]. Urban Studies，2007，44（9）：1809-1826.

[65] SPIERINGS B. Fixing missing links in shopping routes：reflections on intra-urban borders and city centre redevelopment in Nijmegen，The Netherlands[J]. Cities，2012（6）：1-8.

[66] SAU K L，LOO L S，LAI CH M L. Market-led policy measures for urban redevelopment in Singapore[J]. Land Use Policy，2004（21）：1-19.

[67] ERBIL A O，ERBIL T. Redevelopment of Karakoy Harbor，Istanbul[J]. Cities，2001，18（3）：185-192.

[68] HYUN B S. Property-based redevelopment and gentrification：the case of Seoul，south Korea[J]. Geoforum，2009（40）：906-917.

[69] KRABBEN E V D，JACOBS H M. Public land development as a strategic tool for redevelopment：reflections on the Dutch experience[J]. Land Use Policy，2013（30）：774-783.

[70] WANG H，SHEN Q P，TANG B S，SKITMORE M. An integrated approach to

supporting land-use decisions in site redevelopmentfor urban renewal in Hong Kong[J]. Habitat International, 2013 (38): 70-80.

[71] CHANEY R L.Plant uptake of inorganic waste constituents[A]//PARRJ F.Land treatment of hazardous wastes. Noyes Data CorPoration, NewJersey: ParkRidge, 1983: 50-76.

[72] CHANEY R L, MINNIE M, LI Y M, et al. Phytoremediation of soils metals[J]. Current opinion in Biotechnology, 1997, 8: 279-284.

[73] BAKERA J M, BROOKS R R, PEASE A J, et al. Studies on copper and cobalt tolerance in three closely related taxa with in the genus Silene L. (Caryophyl laceae) From Zaire[J]. Plant and soil, 1983, 73 (3): 377-385.

[74] McCARTHY L. The brownfield dual land-use policy challenge reducing barriers to private redevelopment while connecting reuse to broader community goal[J]. Land Use Policy, 2002 (19): 287-296.

[75] DeSOUSA C. Measuring the public cost and benefits of brownfield versus greenfield development in the Greater Toronto Area[J]. Environment and Planning B: Planning and Design, 2002, 29 (2): 251-280.

[76] DeSOUSA C. Turning brownfields into greenspace in the city of Toronto[J]. Landscape and Urban Planning, 2003, 62: 181-198.

[77] McCARTHY L.et al. Brownfield redevelopment: a resource guide for Toledo and other Ohio government, developers and communities[R]. Department of Geography and Planning and Research Associate, 2001.

[78] JACKSON T O. Environmental contamination and industrial real estate prices[J]. Journal of Real Estate Researeh, 2002, 23: 179-200.

[79] KETKAR K. Hazardous-waste sites and property-values in the State of New Jersey[J]. Applied Economics, 1992, 24 (6): 647-659.

[80] DAIR C M, WILLIAMS K. Sustainable land reuse: the influence of different stakeholders in achieving sustainable brownfield developments in England[J]. Environment in Planning A, 2006, 38 (7): 1345-1366.

[81] DIXON T, DOAK J. Actors and drivers: who and what makes the brownfield regeneration proeess go round?[C]. the SUBR: IM Conference, 2005.

[82] WERNSTEDT K, ROBERT H. Brownfields regulatory reform and policy innovation in practice[J]. Progress in Planning, 2006, 65: 7-74.

[83] BARTSEH C. Community involvement in brownfield redevelopment[M]. Washington D C:

Northeast–Mideast Institute，2003.

[84] SOLITARE L. Prerequisite conditions for meaningful participation in brownfields redevelopment[J].Journal of Environmental Planning and Management，2005，48：917–935.

[85] GREENBERG M，MICHAEL H，LEWIS J. Brownfields redevelopment，preferences and public involvement：a case study of an ethnically mixed neighborhood[J]. Urban Studies，2000，37（13）：2501–2514.

[86] GREENBERG M，MICHAEL H，LETAL K. Brownfields，toads and the struggle for neighborhood redevelopment：a case study of the state of New Jersey[J]. Urban Affairs Review，2000，35（5）：717–733.

[87] WERNSTEDT K，MEYER P B，ALBERINI A. Attracting private investment to contaminated properties：the value of public interventions[J]. Journal of Policy Analysis and Management，2006，25（2）：347–369.

[88] STEWART D. 'Smart Development' for brownfields：a futures approach using the prospective through scenarios method[R]. Dublin Institute of Technology，2004.

[89] ROBINSON D，ANGYAL G.Use of mixed technologies to remediate chlorinated DNAPL at a brownfields site[J]. Remediation Journal，2008，18（3）：41–53.

[90] WERNSTEDT K，MEYER P B，KRISTEN R Y. Insuring redevelopment at contaminated urban properties[J]. Public Works Management & Policy，2003，8（2）：85–98.

[91] TREGONING H，AGYEMAN J，SHENOT C. Sprawl，smart growth and sustainability[J]. Local Environment，2002，7（4）：341–347.

[92] SHERMAN S. Government tax and financial incentives I brownfields redevelopment：inside the developer's proforma[J]. New York University Environmental Law Journal，2003，11（2）：317–371.

[93] LAFORTEZZA R，SANESI G. Planning for the rehabilitation of brownfield sites：a landscape ecological perspective[J]. Brownfield Sites II，2004，（1）：21–30.

[94] CHRISTOPHER A D S. Brownfield redevelopment in Toronto：an examination of past trends and future prospects [J]. Land Use Policy，2002（19）：297–309.

[95] CHANG J，ZHANG H，JI M，et al. Case study on the redevelopment of industrial wasteland in resource–exhausted mining area [J]. Procedia Earth and Planetary Science，2009（1）：1140–1146.

[96] ARUNINTA A. WiMBY：a comparative interests analysis of the heterogeneity of

redevelopment of publicly owned vacant land[J]. Landscape and Urban Planning, 2009（93）：38–45.

[97] WEDDING G C, CRAWFORD–BROWN D. Measuring site–level success in brownfield redevelopments：a focus on sustainability and green building[J]. Journal of Environmental Management, 2007（85）：483–495.

[98] MARIA C, KWEKU B, et al. A GIS and indexing scheme to screen brownfields for area–wide redevelopment planning[J]. Landscape and Urban Planning, 2012（105）：187–198.

[99] YE C, et al. A strategic classification support system for brownfield redevelopment[J]. Environmental Modelling & Software, 2009（24）：647–654.

[100] MICHAEL R T. A GIS–based decision support system for brownfield redevelopment[J]. Landscape and Urban Planning, 2002（58）：7–23.

[101] 程遥．英国的小城镇发展历程与规划取向 [J]. 小城镇建设，2020，38（12）：28–34，82.

[102] 王宝刚．国外小城镇建设经验探讨 [J]. 规划师，2003（11）：96–99.

[103] 殷清眉，栾峰，范凯丽．大都市地区小城镇的发展策略——以日本镰仓为例 [J/OL]. [2020–10–29]. 国际城市规划．http：//mp.weixin.qq.com/s/RVASya_TkXjoOGkR6gOktw.

[104] 汪蕙娟．二十世纪英国的城市更新 [J]. 国外城市规划，1987（1）：33–35.

[105] 吕俊华．英、美的城市更新 [J]. 世界建筑，1995（2）：12–16.

[106] 阳建强．现代城市更新运动趋向 [J]. 城市规划，1995（4）：27–29.

[107] 戴学来．英国城市开发公司与城市更新 [J]. 城市开发，1997（7）：30–33.

[108] 方可．欧美城市更新的发展与演变 [J]. 城市问题，1997（5）：50–53.

[109] 叶耀先．城市更新的理论与方法 [J]. 建筑学报，1986（10）：5–11.

[110] 范耀邦．旧城改造与文物保护——从白塔寺和天宁寺周围的新建筑谈起 [J]. 城市规划研究，1981（1）：25–33.

[111] 吴良镛．北京市的旧城改造及有关问题 [J]. 建筑学报，1982（2）：8–18.

[112] 士绮．经济发展促进了城市更新——记全国旧城改建经验交流会 [J]. 建筑学报，1985（3）：67.

[113] 谈锦钊．城市更新：广州城市建设面临的转折点——与蔡穗声同志商榷 [J]. 广州研究，1988（11）：36–39.

[114] 祝莹．历史街区传统风貌保护研究——以南京中华门门东地区城市更新为例 [J]. 新建筑，2002（2）：10–13.

[115] 戎安，沈丽君．天津古文化街海河楼商贸区城市更新规划 [J]. 建筑学报，2003（11）：20–22.
[116] 严铮．对城市更新中历史街区保护问题的几点思考——多元化的历史街区保护方法初探 [J]. 城市，2003（4）：40–42.
[117] 梁晓丹，胡通．城市更新过程中对城市骑楼街区的再利用 [J]. 山西建筑，2008（6）：55–56.
[118] 赵海波．城市更新中历史街区的保护与开发方法探究 [J]. 山西建筑，2009（1）：38–39.
[119] 管娟，郭玖玖．上海中心城区城市更新机制演进研究——以新天地、8 号桥和田子坊为例 [J]. 上海城市规划，2011（4）：53–59.
[120] 周军，朱隆斌．老城保护中可持续性的探索与实践——以广西百色市解放街及三江口地区城市更新规划为例 [J]. 城市建筑，2011（8）：45–47.
[121] 朱懋伟．旧城改造与风貌保存的探讨——扬州在改建道路中的街景设计 [J]. 建筑学报，1986（10）：23–25.
[122] 方煜．滨海城市的可持续城市更新——深圳市沙头角海滨区城市设计 [J]. 小城镇建设，2002（1）：42–45.
[123] 胡晓燕．城市更新中历史工业建筑及地段的保护再利用 [J]. 四川建筑，2008（5）：25–26.
[124] 邓位．城市更新概念下的棕地转变为绿地 [J]. 风景园林，2010（1）：93–97.
[125] 刘英，朱丽娟，赵荣钦．城市更新改造中的工业遗产保护与再生——以郑州老纺织工业基地为例 [J]. 现代城市研究，2012（12）：43–47.
[126] 陈云．南京的旧城改造与工业迁移 [J]. 现代城市研究，1996（5）：24–29.
[127] 余翔，王重远．城市更新与都市创意产业的互动 [J]. 城市问题，2009（10）：21–24.
[128] 赖寿华，袁振杰．广州亚运与城市更新的反思——以广州市荔湾区荔枝湾整治工程为例 [J]. 规划师，2010（12）：16–20.
[129] 王婳，王泽坚，朱荣远，等．深圳市大剧院—蔡屋围中心区城市更新研究——探讨城市中心地区更新的价值 [J]. 城市规划，2012（1）：39–45.
[130] 伍炜．低碳城市目标下的城市更新——以深圳市城市更新实践为例 [J]. 城市规划学刊，2010（S1）：19–21.
[131] 赵映辉．城市更新规划中的低碳设计策略初探——以深圳市罗湖区木头龙小区城市更新项目为例 [J]. 城市规划学刊，2010（S1）：44–47.

[132] 张更立 . 走向三方合作的伙伴关系：西方城市更新政策的演变及其对中国的启示 [J]. 城市发展研究，2004（4）：26–32.

[133] 黄晓燕，曹小曙 . 转型期城市更新中土地再开发的模式与机制研究 [J]. 城市观察，2011（2）：15–22.

[134] 严若谷，周素红 . 城市更新中土地集约利用的模式创新与机制优化——以深圳为例 [J]. 上海城市管理，2010（5）：23–27.

[135] 王晓东，刘金声 . 对城中村改造的几点认识 [J]. 城市规划，2003（11）：70–72.

[136] 杨安 ."城中村" 的防治 [J]. 城乡建设，1996（8）：30–31.

[137] 房庆方,马向明,宋劲松 . 城中村：从广东看我国城市化进程中遇到的政策问题 [J]. 城市规划，1999（9）：18–20.

[138] 房庆方，马向明，宋劲松 . 城中村：我国城市化进程中遇到的政策问题 [J]. 城市发展研究，1999（4）：21–23.

[139] 马航 . 深圳城中村改造的城市社会学视野分析 [J]. 城市规划，2007（1）：26–32.

[140] 廖俊平，田一淋 . PPP 模式与城中村改造 [J]. 城市开发，2005（3）：52–53.

[141] 陈洁 . 城中村改造的模式与对策初探 [J]. 江苏城市规划，2009（3）：19–22.

[142] 陈清鋆 . 城中村改造开发模式对比研究 [J]. 现代城市研究，2012（3）：60–63.

[143] 程家龙 . 深圳特区城中村改造开发模式研究 [J]. 城市规划汇刊，2003（3）：57–60.

[144] 张侠，赵德义，朱晓东，等 . 城中村改造中的利益关系分析与应对 [J]. 经济地理，2006（3）：496–499.

[145] 何元斌，林泉 . 城中村改造中的主体利益分析与应对措施——基于土地发展权视角 [J]. 地域研究与开发，2012，31（4）：124–127.

[146] 贾生华，郑文娟，田传浩 . 城中村改造中利益相关者治理的理论与对策 [J]. 城市规划，2011（5）：62–68.

[147] 陈双，赵万民，胡思润 . 人居环境理论视角下的城中村改造规划研究——以武汉市为例 [J]. 城市规划，2009（8）：37–42.

[148] 汪明峰，林小玲，宁越敏 . 外来人口、临时居所与城中村改造——来自上海的调查报告 [J]. 城市规划，2012（7）：73–80.

[149] 常江，冯姗姗 . 矿业城市工业废弃地再开发策略研究 [J]. 城市发展研究，2008（2）：54–57.

[150] 丁宇 . 城市棕色土地复兴与经济生态化调控探索 [J]. 城市发展研究，2008（S1）：128–131.

[151] 俞剑光，武海滨，傅博．基于生态理念的城市棕地再开发探索——以包头市华业特钢搬迁区域为例 [J]. 北京规划建设，2011（6）：123–126.

[152] 吴左宾，孙雪茹，杨剑．土地再开发导向的用地改造规划研究——以西安高新技术产业开发区一期用地为例 [J]. 规划师，2010（10）：42–46.

[153] 袁新国，王兴平，滕珊珊．再开发背景下开发区空间形态的转型 [J]. 城市问题，2013（5）：96–100.

[154] 艾东，栾胜基，郝晋珉．工业废弃地再开发的可持续性评价方法回顾 [J]. 生态环境，2008（6）：2464–2472.

[155] 朱煜明，刘庆芬，苏海棠，等．基于结构方程的棕地再开发评价指标体系优化 [J]. 工业工程，2011（6）：65–69.

[156] 王春兰．上海城市更新中利益冲突与博弈的分析 [J]. 城市观察，2010（6）：130–141.

[157] 任绍斌．城市更新中的利益冲突与规划协调 [J]. 现代城市研究，2011（1）：12–16.

[158] 张微，王桢桢．城市更新中的“公共利益”：界定标准与实现路径 [J]. 城市观察，2011（2）：23–32.

[159] 龙腾飞，施国庆，董铭．城市更新利益相关者交互式参与模式 [J]. 城市问题，2008（6）：48–53.

[160] 董慰，王智强．政府与社区主导型旧城更新公众参与比较研究——以北京旧城保护区更新实践为例 [J]. 西部人居环境学刊，2017（4）：19–25.

[161] 叶磊，马学广．转型时期城市土地再开发的协同治理机制研究述评 [J]. 规划师，2010（10）：103–107.

[162] 吕晓蓓，赵若焱．对深圳市城市更新制度建设的几点思考 [J]. 城市规划，2009（4）：57–60.

[163] 刘昕．城市更新单元制度探索与实践——以深圳特色的城市更新年度计划编制为例 [J]. 规划师，2010（11）：66–69.

[164] 何深静，于涛方，方澜．城市更新中社会网络的保存和发展 [J]. 人文地理，2001（6）：36–39.

[165] 姜华，张京祥．从回忆到回归——城市更新中的文化解读与传承 [J]. 城市规划，2005（5）：77–82.

[166] 刘彦随．科学推进中国农村土地整治战略 [J]. 中国土地科学，2011（4）：3–8.

[167] 姜勇．农村建设用地整治应避免三种倾向 [J]. 中国土地，2012（5）：51–52.

[168] 陈秧分，刘彦随 . 农村土地整治的观点辨析与路径选择 [J]. 中国土地科学，2011（8）：93–96.

[169] 张正峰,赵伟 . 农村居民点整理潜力内涵与评价指标体系 [J]. 经济地理,2007(1)：137–140.

[170] 宋伟，陈百明，姜广辉 . 中国农村居民点整理潜力研究综述 [J]. 经济地理，2010（11）：1871–1877.

[171] 曲衍波，张凤荣，宋伟，等 . 农村居民点整理潜力综合修正与测算——以北京市平谷区为例 [J]. 地理学报，2012（4）：490–503.

[172] 朱晓华，陈秧分，刘彦随，等 . 空心村土地整治潜力调查与评价技术方法——以山东省禹城市为例 [J]. 地理学报，2010（6）：736–744.

[173] 谷晓坤，代兵，陈百明 . 中国农村居民点整理的区域方向 [J]. 地域研究与开发，2008（6）：95–99.

[174] 曹秀玲，张清军，尚国琲，等 . 河北省农村居民点整理潜力评价分级 [J]. 农业工程学报，2009（11）：318–323.

[175] 关小克，张凤荣，赵婷婷，等 . 北京市农村居民点整理分区及整理模式探讨 [J]. 地域研究与开发，2010（3）：114–118.

[176] 吴康，方创琳 . 新中国 60 年来小城镇的发展历程与新态势 [J]. 经济地理，2009，29（10）：1605–1611.

[177] 方创琳 . 改革开放 40 年来中国城镇化与城市群取得的重要进展与展望 [J]. 经济地理，2018，38（9）：1–9.

[178] 冯健 . 1980 年代以来我国小城镇研究的新进展 [J]. 城市规划汇刊，2001（3）：28–34，79.

[179] 徐少君，张旭昆 . 1990 年代以来我国小城镇研究综述 [J]. 城市规划汇刊，2004（3）：79–83，96.

[180] 张立 . 新时期的“小城镇、大战略”——试论人口高输出地区的小城镇发展机制 [J]. 城市规划学刊，2012（1）：23–32.

[181] 唐永，李小建，娄帆，等 . 快速城镇化背景下中国小城镇时空演变及影响因素 [J]. 经济地理，2022，42（3）：66–75.

[182] 李继军，王楚涵，韩俊宇 . 分区研究方法在小城镇群型大城市战略制定中的应用——以保定市新型城镇化战略制定为例 [J]. 小城镇建设，2020，38（12）：74–82.

[183] 汤放华 . 小城镇总体规划理论、编制内容与方法的研究 [D]. 长沙：湖南大学，2002.

[184] 刘雅玲，李升松，谢华．大城市周边小城镇公共服务设施优化对策探究——以南宁市金陵镇为例 [J]. 北方建筑，2020，5（5）：24-28.

[185] 杨振山，孙艺芸．城市收缩现象、过程与问题 [J]. 人文地理，2015，30（4）：6-10.

[186] 张子玉，孙易通，黄经南．国土空间规划背景下面向小城镇的多规合一云服务平台建设——以湖北神农架林区为例 [J]. 测绘地理信息，2020，45（5）：101-106.

[187] 王富海．从规划体系到规划制度——深圳城市规划历程剖析 [J]. 城市规划，2000，24（1）：28-33.

[188] 魏广君．空间规划协调的理论框架与实践探索 [D]. 大连：大连理工大学，2012.

[189] 黄叶君．体制改革与规划整合——对国内三规合一的观察与思考 [J]. 现代城市研究，2012（2）：10-14.

[190] 郭耀武．三规合一？还是应三规和谐——对发展规划、城乡规划、土地规划的制度思考 [J]. 广东经济，2010（1）：33-38.

[191] 汤江龙，赵小敏，夏敏．我国土地利用规划体系的优化与完善 [J]. 山东农业大学学报（社会科学版），2004，6（3）：20-26.

[192] 尹明．经济社会发展、土地利用和城市总体规划三规合一路径 [J]. 工业建筑，2014，44（8）：167-170.

[193] 王向东，刘卫东．中国空间规划体系：现状、问题与重构 [J]. 经济地理，2012，32（5）：7-15.

[194] 陈军．区域发展多规划协调研究 [D]. 重庆：西南大学，2009.

[195] 孙国庆．多规合一国土空间综合分区方法与支持工具研究 [D]. 北京：中国地质大学（北京），2013.

[196] 王凯，张昔，徐泽，等．立足统筹，面向转型的用地规划技术规章——《城市用地分类与规划建设用地标准（GB 50137—2011）》阐释 [J]. 城市规划，2012（4）：42-48.

[197] 阎凤霞，张明灯．三维数字城市构建技术 [J]. 测绘，2009（2）：93-96.

[198] 冉磊，高磊，张宇琳，等．三维数字城市技术在城市规划中的应用 [J]. 城市勘测，2010（2）：99-101.

[199] 王法．城市三维仿真模型建模方法研究——以奉化市为例 [J]. 科技信息，2011（7）：70-71.

[200] 单楠，况明生，李营刚．基于 SketchUp 和 ArcGIS 的三维 GIS 开发技术研究 [J]. 铁路计算机应用，2009，18（4）：14-17.

[201] 吴学强，孙建刚，李想．基于地理信息三维场景动态展示研究 [J]. 山西建筑，

2013，39（5）：248–250.

[202] 刘兴权，卢赛飞．基于 Arc Engine 的地物三维可视化实现 [J]. 地理空间信息，2008，6（6）：5–7.

[203] 吕永来，李晓莉．基于 CityEngineCGA 的三维建筑建模研究 [J]. 测绘，2013（2）：91–94.

[204] Castellani U，Fusiello A，Murino V，et al. A complete system for on–line 3D modelling from acoustic images[J]. Signal Processing：Image Communication，2005，20（9）：832–852.

[205] 东莞市人民政府办公室．2016 年东莞市国民经济和社会发展统计公报 [EB/OL]. http：//www.dg.gov.cn/007330010/0600/201704/ac44f241055f4c19a3df0b6152588b97.shtml，2017–04–11.

[206] 东莞市人民政府办公室．2017 年东莞市政府工作报告 [EB/OL]. http：//www.dg.gov.cn/cndg/notice/201701/ccd147bea7584bf0a7118a22ebd15de3.shtml，2017–01–16.